Tableau
数据可视化分析
一点通 案例视频版

何业文 郭杰 袁勋 著

电子工业出版社.
Publishing House of Electronics Industry
北京·BEIJING

内 容 简 介

本教材在《Tableau 商业分析一点通》的基础上进行升级，使用 Tableau 2020.3 版本对案例操作进行更新，并按照高校的教学目标匹配了案例的广度与深度。本教材中的案例，绝大多数由国内的真实案例修改而来，部分选自 Tableau 原厂的演示数据。由于教材中的案例均采用 Tableau 2020.3 版本进行操作，为避免旧版本软件无法打开的情况，所以请先下载新版本。

本教材结构清晰、案例丰富、通俗易懂、实用性强，特别适合 Tableau 的初学者和进阶读者作为自学教程阅读。另外，也适合作为大中专院校相关专业的教学参考书，以及社会培训学校的培训教材。

图书在版编目（CIP）数据

Tableau 数据可视化分析一点通：案例视频版 / 何业文，郭杰，袁勋著. —北京：电子工业出版社，2021.4

ISBN 978-7-121-40866-3

Ⅰ．①T… Ⅱ．①何… ②郭… ③袁… Ⅲ．①可视化软件－数据分析－可视化软件－高等学校－教材 Ⅳ.①TP317.3

中国版本图书馆 CIP 数据核字（2021）第 057004 号

责任编辑：张慧敏　　　　　特约编辑：田学清
印　　刷：北京天宇星印刷厂
装　　订：北京天宇星印刷厂
出版发行：电子工业出版社
　　　　　北京市海淀区万寿路 173 信箱　　　　邮编：100036
开　　本：720×1000　　1/16　　印张：23.25　　字数：393 千字
版　　次：2021 年 4 月第 1 版
印　　次：2025 年 1 月第 10 次印刷
定　　价：79.00 元

推荐语

多年以来，我专注于资料分析与数据挖掘。为了讲出数据分析的结论与应用价值，我掌握了各种各样的数据分析软件。

近几年，数据分析技术进步飞快，已经普及到了生活中的各个方面，大众对数据分析的兴趣出现前所未有的高涨。"工欲善其事，必先利其器"。为了更好地发掘各领域的数据价值，熟练使用一个好的数据分析工具是必须的，依据我的经验，Tableau 是个不错的选择，容易使用，精确分析及可视化的决策可以让用户迅速掌握资料的脉动。

Bizinsight 公司推出的这本教材，可以协助初次使用 Tableau 的用户快速、敏捷、轻松地掌握这个工具。本教材包含许多小案例，将工具的各种功能及可视化的要点融合到案例中，让用户在碎片化时间中完成学习并逐步精通该软件。

祝愿读者通过本教材快速掌握数据可视化分析技术，通过这个桥梁，迈向数据分析和使用的更精彩、更广阔的领域，一起在这个数据时代创造更多的价值。

—— 谢邦昌
生物统计学博士
辅仁大学统计信息学系教授
中华数据挖掘协会（Chung-hua Data Mining Society，CDMS）理事长

作为一名在文科类院校教了 30 年统计学的老师，我真心喜欢 Tableau，它是文科生都能够掌握的数据分析工具。

我校新闻传播专业的研究方法课，通常要求同学们在学习方法论的同时采集与分析数据，再用合适的数据展现方式融入新闻。2007 年，我将 Tableau 用于教学；2014 年，由全校优选出来的 18 名三年级学生组成的数据新闻报道

实验班几乎可以全部熟练使用 Tableau；2016 年，教育部批准中国传媒大学新闻学院的数据新闻报道方向实行自主招生，这是全国首个数据新闻类本科专业。10 年以来，Tableau 有效帮助了学生们掌握数据分析与可视化。

一个人对数据的认识、理解能力，尤其是在实际中应用数据的能力，将是未来职场的基本能力。我要求自己的学生认真学习数据分析，我也建议所有年轻学子适当掌握数据分析。商业社会中到处都是数据，掌握了数据分析，将帮助每个人看清经济社会运行的脉络。

《Tableau 数据可视化分析一点通（案例视频版）》应用 Bizinsight 公司积累的几十个商业实战案例，详细展示了分析思路与操作步骤，是一本难得的实用工具教材。本教材的组织者何业文是我校 2003 级的硕士毕业生，十余年来，她在追求商业分析与决策支持的道路上孜孜不倦。Bizinsight 公司如今发展成为国内一流的商业分析企业，我为自己的学生感到骄傲与自豪。祝愿每一位读者都能成长为数据分析的高手。

—— 沈浩

中国传媒大学新闻学院教授，博士生导师

中国传媒大学调查统计研究所所长，大数据挖掘与社会计算实验室主任

中国市场研究协会（CMRA）会长

国家信息中心评选之"十大最具影响力的大数据领域学者"

Tableau 连续 6 年获得 Gartner 商业智能魔力象限"领导者"称号，在国内企业的应用也越来越普及，众多数据分析师学习 Tableau，希望"精通 Tableau"成为简历上亮丽的一笔。作为一款"自助式"商业分析工具，Tableau 的操作很容易习得，但我们发现即使懂得 Tableau 的每一个函数、每一种图表的使用方法，很多人对 Tableau 的认知仍然是"板结"的。此时，你需要熟悉大量的案例，动手操作，将"板结"的 Tableau 认知打碎、重组，才能做到融会贯通。本教材包含各行各业的 Tableau 应用案例，能够"激活"你的 Tableau 技能。同时，我一直认为数据分析师是不分行业的，本教材从不同行业的案例中提炼出方法论，可以帮助你成为轻松跨界的数据艺术家。

—— 2017 Tableau 可视化分析争霸赛北京站冠军 赵龙飞

新冠疫情和美国总统选举，可能是 2020 年影响全人类最大的事件，从宏观的国际关系、经济到个人的工作和出行，无一不受之影响。作为一个典型的"吃瓜群众"，阅读文字并不是最有效的方式。人类是视觉动物，看图看色彩总是比看文字更快速有效。如果疫情中每天的新增病例或民主党、共和党的各州得票数是以文字的形式，而非折线图、条形图和地图，以每分钟更新的频率提供信息给我们，我们就很难立马知道当下的情况并做出对应的行动。

这些图形，叫作数据可视化，它不仅能帮助作为读者的我们吸收复杂的资讯，更是在最近受到各界的欢迎：从媒体对数据记者（Data Journalist）的青睐、培训机构对数据可视化分析知识的推广、企业利用数据洞察对运营的优化等，都代表数据可视化分析浪潮下的各种波澜。由 Bizinsight 公司推出的这本 Tableau 中文教材，如同指南针般引导中文世界中的各方数据好手，帮助读者驾驭数据可视化分析的航母！

我在读研时初次接触到 Tableau，就被它强大的地图互动功能所吸引，并至此通过各种方式从基础学起。Tableau 作为在纽约证券交易所上市的 BI 软件，累积了由顾问公司和使用者维护的线上论坛、博客、MOOC，线下的各类工具书等教学内容，资源十分充足，唯一的遗憾是这些内容超过半数是非中文的。记得我有一次在 Tableau 中制作桑基图，因为中文的材料找不到，英文论坛内容写得不清楚，足足花了将近一天的时间才完成。

如果你可以好好利用 Bizinsight 公司精心设计的 Tableau 学习环境：在教材上获得指引、在软件中实践、在社交群里和同好互相交流，我相信你一定可以更快、更好地玩转 Tableau，在数据分析的伟大航道上一路前行，乘风破浪。

—— GUCCI 客户分析与管理助理经理 林雨旸

这是市面上不可多得的融入数据工程师思维并模拟高校授课方式，详细讲解如何基于 Tableau 进行商业分析和可视化实践的一本好的教材。教材中知识体系架构严谨，内容讲解细致透彻，配套的线上学习资料丰富易用，无论是通读还是选读，任何初学者都能够快速上手并将教材中讲解的知识和技能投入实践应用。慧科集团作为国内的在线教育平台、优质在线教育资源和战略性新兴产业与现代服务业人才培养解决方案的供应商，以众多国际和国内知名企业及"双一流"高校教育合作伙伴的身份，推荐此书作为高等教育大数据分析和大数据可视化实践的首选教材。

—— 慧科研究院高级研究员 叶风哲

在自助式分析或增强式分析的领域里，Tableau 将传统的 BI 工作从工具到技术，从展现形式到工作模式都提升到了更加敏捷与高效的时代，使数据分析师对技术人员的依赖降到最低，通过产品与数据分析师的合力将数据背后的价值发挥到最大，这也是推动企业乃至世界向前的最重要的核心动力。本教材从 Tableau 产品功能到主题分析，实战案例到技术扩展都进行了完整的展示，是开启数据世界的快速通道，希望我们可以一起在这条通道上勇往直前、随风奔跑。

—— 完美世界高级信息总监 常德明

快速入门在于边学边用，费曼为我们总结了规律。同样，对一个软件的快速掌握，也需要学用结合的场景。作为一本软件学习的参考教材，通过案例讲解，穿插工具的使用，在分析问题当中学会工具的使用，既学到了分析思路，也避免了工具学习的枯燥。

—— 学霸君数据分析师 王海峰

在对比了 Qlik、Power BI、Tableau Server+Deskop 部署的综合成本、学习曲线、服务支持等因素后，我们最终选择了 Tableau。Tableau 在数据驱动公司战略转型的过程中，及时高效地发挥了良好的推动作用，帮助业务部门快速实现了数据可视化需求，为大数据部门的工作提供了强有力的支持，得到了公司各业务部门的广泛好评。本教材积累了大量实际案例与数据分析的实用性方法和技巧，是一本非常难得的数据分析入门教材！

—— 奥鹏教育

这是真正将 Tableau 的来龙去脉讲清楚的一本教材，目前的 BI 已经真正走近大众，Tableau 正是近十年来中国商业智能的践行者和实践者。本教材既适合刚刚从业的"小白"，也适合需要进阶提升的从业者。教材中的每一部分都会使你重新认识 Tableau，最后的行业案例涵盖了商业智能所涉及的大部分行业，本教材将是你认识商业智能很好的选择！

—— CDA 数据分析研究院

一本 BI 商业智能分析领域的好教材！

这是一本专门介绍如何使用 Tableau 去做数据分析的教材，教材中案例的样本数据真实，涵盖行业广，即使没有 IT 基础，也能从中体验到数据分析的乐趣。在大数据时代，每个企业都有对数据分析的需求，中国大数据分析师（BDA 数据分析师）是国内从事数据分析工作的主要力量，如何为企业快速、高效地提供数据信息？作为一名 BDA 数据分析师，我认为本教材值得关注和学习。

—— 中经数（北京）数据应用技术研究院 张良

序言 1

为什么"数据素养(Data Literacy)"已成为和语言一样重要的基本能力？

"移动互联网原生代"指的是与移动互联网的规模化应用同步成长的一群人。我国在移动互联网的应用时间上与西方国家几乎同步。身边的大多数"00后""10后"年轻人，从小就用手机和 iPad 来听故事、看动画、玩游戏、上网课、查资料等。生于 20 世纪 70、80 年代的父母们一如既往地望子成龙、施不求报，并且特别重视教育。当丰富多彩的资讯，功能各异的 App，应有尽有的培训班铺满案头时，最大的挑战不是金钱不够用，而是时间不够用！移动互联网原生代们爱好迥异、极具个性且各有所长，但个性之中也有共性：虽年轻却洞彻事理，虽梦幻却面对现实。这代人危机感很强，总觉得与 AI "争饭碗"的日子就要到来了，于是每天都努力地寻找适应生活的办法，在知识积累的过程中倾尽全力，在学习过程中寻找自我激励与节奏平衡，在实践中努力延续如婴儿学语般的初动力，并且展开对自身最高形态的剥削与自律。

在当下，从父母到年轻人，似乎每天都对自己发出灵魂拷问：未来已来，用什么来养家糊口？

如果暂时没想好，不必紧张更不必迷茫，从统计学诞生到今天有几百年了，多国多次的经济普查结论很清楚：做个幸福的普通人是多数人的宿命。路是走出来的，应时而变，保持热忱，修一技傍身是迟早的事。在此过程中，留心观察，静心思考，用心计算，就是"数据素养"。我对此非常乐观，相信它的重要性已被许多读者认知，它将辅助年轻人进一步提升基本技能和学科知识，完成自己养家糊口的重担。"数据素养"已成为和语言一样重要的基本能力，例如：

善乐、善舞者，可演。高低错落的音符，长短不一的时值，本就是数学。妙曼翩翩的舞姿在《舞蹈风暴》节目中也被数字化了：动作的高度、幅宽、角度、停留时长及观众喜爱度投票等，分分秒秒皆数据。

善工、善器者，可造。"长征"运载、"天宫"常驻、"神舟"遨游、"嫦娥"

探月、"玉兔"留守……从平凡小物到航天航空，从概念设计到规模量产，每一项都离不开数据分析。

善技、善武者，可竞。篮球赛场的 3 秒规则，体操赛场的难度系数，足球赛场的持球时长与射门率，排球赛场的拦网成功率等，都是推测比赛成败的关键值。

善厨、善品者，可广。大众点评的评论，食客就餐的疏密，套餐、单品的搭配，处处留心皆可算。

善医、善药者，可验。Tableau 的用户名单中，辉瑞、诺和诺德、西安杨森等知名药企数不胜数。

善言、善辩者，可引。美国大选中的总统辩论，谈及经济、民生、环保、安全，无一不用数据说话。

无论你正在学习什么学科，天文地理、人文社会、工商管理、经济金融、物理化学、医卫护养、安全政法，还是与数据应用直接相关的数学、统计、IT，综观当下的科技进步，总能发现数据驱动的新应用、新模式和新形态。当智能手机、IoT 设备、音视频触点等完成数据采集后，5G 网络迅速将其传输至云，剩下的工作留待有心者来分析与发现。我们每个人既是数据的生产者，又必须成长为所在领域的数据消费者，乃至数据领袖。而真正的数据领袖，是将专业知识与数据技能相结合的高手，是心态开放与勇于实践的斗士。

为什么要用 Tableau 来学数据分析

在提升自身数据素养的道路上，可用的工具很多，学科知识与逻辑算法比工具更重要。Excel、SPSS、SAS、MATLAB、Eviews、Stata、R、Python……以及行业软件中自带算法的分析模块等，都是易于掌握且功能强大的好工具。如果没有指定工具，那么利用 Tableau 来提升数据素养是一种非常好的选择。

Tableau 是一种可视化分析软件，它诞生于 2005 年，主创人员分别拥有斯坦福大学的统计学背景和 Pixar 动画工厂的数字技术与美工功底，它从一开始就确定了自身"帮助人看见并理解数据"的使命。2019 年，Tableau 被收购成为全球最大的 CRM 软件品牌 Salesforce 的旗下成员，而 Salesforce 作为唯一入选的软件企业，也在 2020 年被纳入道琼斯工业指数。它预示着数据已经成为生产要素，在工业、商业、社会管理服务等板块之间快速流动。

- 大量数据将留存：物联网等智能设备、CRM 等客服系统、电话、邮件、微信、抖音、电商平台等都将有大量数据留存；
- 大量分析自动化：在数据传输过程中落实自然语言处理、大数据预测、机器学习、深度学习、人工智能与结果生成，其中所有重复性或经简单算法可得结果的环节，都会被人工智能所替代；
- 大量开发有算法：从事应用程序开发、软件服务二次开发等的从业者将受到算法指导；
- 大量应用挂云上：开发完成后的应用程序将面向众多普通用户形成特定工作区域，贯穿工作流程。

虽然上述过程听起来既宏大又复杂，但本质却很简单：数据是生产要素，我们可以把它当作日常的水一样看待，让它在流动过程中被观察和使用，并且避免浪费。Tableau 的可视化分析能力十分强大，它能够自动将繁杂的数据快速转化为适合的图表，让我们将时间留给理解数据所反映的行为，找出背后原因，还原商业与社会真相，创造新的产品与服务。这才是未来工作的起点。

值得一提的是，Tableau 拥有全球最大的免费学习社区与清晰的学习路径规划，考取 Tableau 证书的过程就是个人数据素养逐步提升的过程。

如何阅读本书

现在您看到的这本《Tableau 数据可视化分析一点通（案例视频版）》是 Tableau 系列之高校版，适合高校教学，或者正在学校就读的学生初探数据分析工作。同期销售的《Tableau 商业分析从新生到高手（视频版）》以商业应用案例为主，带有大量脱敏后的业务数据与实战习题，适合初入职场的数据分析专业人士阅读，也可作为教学时的进阶教材。这两本教材的结合，将带来不一样的阅读体验。《Tableau 数据可视化分析一点通（案例视频版）》偏重操作，《Tableau 商业分析从新生到高手（视频版）》偏重思路。

博易智讯（Bizinsight）团队是国内专注于商业分析的团队，希望了解或加入我们的读者，可以访问 www.bizinsight.com。

希望下载 Tableau 进行试用的读者，可以到 Tableau 官网下载。如需下载本教材的教学 PPT 和数据源文件，请扫描封底二维码或注册 T+社区（www.tableauhome.com.cn），社区包含更多案例演示视频与真人习题讲解，期待您参与互动并分享您的作品与应用心得。B 站搜索"Bizinsight"亦能获得更多视频学习资源。

"苹以春晖,兰以秋芳,来日苦短,去日苦长"。2020 年已经过去了,经历了这一年的最长寒暑假与最严每日健康打卡,不知你宅出新境界了没有。如有幸让你看到本教材,说明你内心是相当有追求的"斜杠"青年,本教材已经串联起许多身宅心不宅的小伙伴。

致谢

本教材的撰写人来自 Bizinsight 优秀的商业分析师团队,袁勋、杨洋、鲍宇聪、胥倩倩均有独特贡献。感谢非凡为本教材更新了 T+社区(www.tableauhome.com.cn),这是一个为读者提供案例数据、学习视频、Tableau 模板,以及分享模板挣钱的社区。

鉴于有限的撰写时间,教材中难免存在错误,恳请读者发现问题后在微信公众号"数据艺术家"后台留言,为我们提供宝贵的意见和建议,在此诚挚感谢!

我想借此机会感谢一直默默支持我的家人们,你们是我最温暖的能量场。尤其感谢自家的两位小学生闺女,妈妈将与你们一起行走在自我发现与努力升华的道路上。

最后感谢电子工业出版社张慧敏女士及编辑团队的持之以恒,要不是你们的提醒与鞭策,本教材不可能面世。尤其感谢技术编辑们花费了大量时间完成对书籍的修订与排版。

—— 何业文

博易智讯(Bizinsight)创办人

序言 2

如今商业智能（Business Intelligence，BI）被广泛应用于各个行业，并在辅助商业决策方面发挥了重大的作用。在大数据时代，每天都有成千上万个通过充分利用数据改善人们生活的机会。疫情研究、教学模式、行业效率、病患护理、政府支出等，这样的机会不计其数。在此背景下，人们需要一种工具：能够快速灵活地连接、整合数据，提供简单的方式实现从不同的角度去观察、研究数据，计算和展示不同的指标，获得的结果应该能够马上分享，获取反馈，并推进后续的分析。利用数据改变世界，这就是 Tableau 成立的初衷。

2003 年，Tableau 在美国西雅图成立。三位创始人均来自斯坦福大学，分别是杰出的计算机科学家、曾获奥斯卡金像奖的教授和对数据充满热情的睿智商业领袖。他们联手解决了软件面临的最大难题之一：让数据变得通俗易懂。

"让数据为我所用"是大数据时代赋予的要求，数据可视化的出现从侧面缓解了专业数据分析人才的缺乏。以 Tableau 为代表的敏捷商业智能产品以杰出的数据可视化能力被越来越多的人接受和认可。作为一款定位数据可视化敏捷开发和实现的商业智能展现工具，在降低数据分析门槛的同时，也为分析结果提供更炫的展现方式。

2015 年，Tableau 进入中国市场。目前，Tableau 在全球拥有超过 80 000位客户及逾 90%的世界 500 强客户。其中，亚太地区是 Tableau 近几年增长最快的地区之一，中国则是亚太地区市场的关键。

据中国留学社的调查，中国是世界上拥有最大教育系统的国家之一。2014年，约 939 万名学生参加普通高等学校招生全国统一考试，与 1978 年中国只有 1.4%的大学适龄人口接受高等教育相比，2014 年中国约有 20%的同等年龄组人口进入高等学校。

学生数量增长的同时也带来了一个紧迫的问题：各大高校如何才能促进学校发展并更好地展示自身的学术成果？在过去，教育机构人员只能通过静态报表访问数据洞察见解来展示；与此同时，电子表格作为主要的自助分析工具，通常存在速度慢、易出错且无法治理数据和扩展应用等问题。

目前，全球已有包括华盛顿大学、佛罗里达国际大学、波士顿学院在内的数千所高校正在使用 Tableau。国内包括中国人民大学、复旦大学、上海财经大学、中国传媒大学等高校也已经使用 Tableau 实现管理部门内部数据分享、高校信息公示与风采展示、学生培养与日常管理、资源分配与就业趋势、大数据应用实验室建设与科研项目实施。近几年，Tableau 还推出了学术研究计划，并且从 2018 年 5 月 1 日起，有资格参加 Tableau 学术研究计划的人可以免费使用 Tableau Prep。各高校可根据当今社会对数据驱动型人才的需求，增设相应的数据分析课程，使学生真正学到有用的、符合市场需求的数据分析技能。

在当今的就业市场，每个行业的公司都在雇佣具有分析技能的人来处理大数据，科学工作者和营销人员都需要通过分析技能来保持竞争力。因此，学会一款功能强大又易于使用的软件变得尤为重要。本教材基于 Tableau 2020.3 版本，结合实际案例，通过详细的操作步骤讲解核心功能；图文并茂的方式，更容易让读者快速上手。相信本教材在帮助读者掌握自助分析技能的同时，还将获得更多的实战商业体验。

—— 郑重（David Zheng）
Tableau 大中华区及韩国渠道区域副总裁

序言 3　　数据分析——当代人才的必备技能与素养

　　提起商业智能，可能很多人都并不陌生，这个在 20 世纪就已经诞生的技术，在过去的几十年间经历快速迭代的发展，从早期的数据展示到即席查询、多维分析、KPI 指标、仪表板、计分卡、定制化报表、移动端应用、Office 插件等不同技术场景路线的演进，行业从早期的电信、银行、保险等信息化建设的传统领域，逐步延伸到了互联网、高科技、零售、制造、医疗、运输等各行各业。即便如此，就像第三方研究机构麦肯锡的分析报告中所谈到的，今天，仍旧有 92% 的企业未能扩大分析的使用范围。换句话讲，一些企业可能从很久之前就已经建立了属于自己企业和部门的 BI 系统，但时至今日，仍不能发挥出数据分析和 BI 应用应有的价值，因此也制约了 BI 技术在企业环境下的推广和发展。

　　回顾那些已经取得了一定推广规模，或者正在兑现数据分析价值的应用环境，我们会发现功能场景已不再是衡量 BI 系统乃至应用是否可以取得成功的唯一且关键性指标。围绕 BI 系统的建设，甚至是企业数据文化的打造，那些获得了部分成功的企业还在做着以下 5 个方面的事情。

促进
信任

成功的数据文化创建了高度信任的环境，公司信任员工，员工信任公司的数据。

培养
人才

公司认可和重视数据技能，这是他们招聘、培养和保留人才的一部分。

寻求
支持

数据被管理层视为关键的战略资产，员工致力于从该资产中实现价值。

鼓励
分享

人们互相协作与学习，乐意帮助别人成功，并以此为傲。

改变
理念

数据和分析成为个人和组织改进的催化剂，并从根本上改变组织的运营、思维方式和看法。

　　简而言之，围绕着技术以外，还应该有政策、人员、环境等方面的支持。一个人的数据分析能力不能改变整个公司的数据应用水平，但是一个部门乃至更大规模人员的数据分析能力是可以影响甚至决定整个企业的数据应用水平的。所以在学习和了解 BI 技术本身的同时，我们更应该思考，如何利用 BI 技术快速搭建起适合自己企业的数据分析环境。我个人在经历过传统 BI 技术到现代 BI 技术的发展后，一个很深的感受就是数据分析技术的推广应该视为一种技能，面向全员开展，而不应以一种技术门槛的要求，局限于少数的专业化人才中。我们应该在一开始就将其视为部门乃至全公司对于人才的一种必备技能，无论大家负责怎样的工作岗位，都能够具备数据分析的思维，对日常的工作、决策做出指导；当每个人都可以摆脱经验式的思维模式，转而依托数据采取了数据分析的思维模式时，彼此间就会建立起基于数字和事实的批判性思维环境。实事求是，用数字说话，这会让我们在身处快速、变化式的业务环境中，保持沉着和冷静，从容应对每一次的业务抉择。

就像 2003 年 Tableau 成立之初，创始人所立下的誓言：帮助所有人查看和理解他们的数据。Tableau 在一开始就将其使用受众定位于全民基础，让一个从前被视为只有数据分析师、数据科学家等少数人掌握的专业技能，迅速被大众了解和掌握，用更大规模的分析基础培养了一批又一批的分析型人才，重视数据，看懂数据，和数据对话，用数据传递思想是所有人使用 Tableau 的一种本能。当有一天我们从数据内容的浏览者，逐步转型为数据内容的创作者时，人人都是数据分析师将不只是一句口号。

本教材收录了 Tableau 学习的一些必备操作技能，结合案例的形式可以让读者更快地将所学付诸于实践，如果可以将其结合并运用于实际的业务数据环境中，将获得更多的商业价值，希望每一位读者都可以借此开启属于自己的数据分析之旅。

—— 郭杰（Jay）

Tableau 大中华区首席技术顾问

序言 4　　可视化分析学习之路

　　学习数据分析就像爬山，不仅需要挑战逐级变难的商业分析主题，而且要时时站在选择困难综合征的岔路口上：这么多工具，我选哪一个用呢？如果你恰好在这个阶段，那么我建议你先从 B 站上看看各种工具的操作视频，找找感觉。再下载一个 Tableau，用它自带的案例试一试。我几年前这么操作的时候，从未想到自己能成长为国内 "Qualified Tableau Partner Consultant" 四小时长考过关的第一人。如今我总结了自己喜爱它的真正原因：可视化分析让我觉得入门简单且成就感十足。

　　Tableau 是可视化分析的开创者，更是当下国际流行的 BI 工具之一。可视化分析旨在借用于图表进行沟通，将数据中隐藏的模式采用直观的颜色、大小、斜率、形状等方式，直接呈现在我们面前。人类的眼睛是五感之中最敏锐的器官，能够瞬间抓住大量信息。

　　Tableau 在导入数据环节已展现出可视化分析的强大功能，能够帮助我们快速查看自己所拥有的数据，了解数据量、数据质量、极值、平均数、分布广度、数据遗漏或错误等，随后将自动启用"智能推荐"的方式帮助我们选出最合适的图表。它帮助我们站在数据分析学习之路的较高起点上，但这还不够，从"一般吧"到"出类拔萃"的道路上，还有许多关卡需要攻克，我把它归纳为如下几个阶段。

　　掌握基础知识：Tableau 的核心概念为数据分析的基础知识，它的运作模式和学习原理也围绕这些基础知识展开。维度和度量通常对应着数值数据与类别数据；连续与离散决定了使用什么统计方法；智能推荐告诉我们线形图、散点图、条形图等各种图表的适用性。这些是我们通过应用 Tableau 夯实基础知识的前提。

　　熟悉常用图表：我们工作中经常使用线形图、散点图、饼图等，为什么选择某种图表，图表中的颜色深浅、形态大小表示了什么特征？当我们能够正确选择与解读图表结果时，就已经能够应对 50% 的日常商业分析需求了。

应用常规函数：针对数字函数、字符串函数、日期函数、逻辑函数、聚合函数等通用函数的学习，能够帮助我们完成对数据的多种转换和合并计算工作。Tableau 中选择函数与整合函数的功能也是可视化界面，无须代码，因此学起来也比较简单。

探索交互设计：Tableau 中的视图交互能力是其最大的特点。通过分析人员的交互设计，让阅读人员在使用报表时，能够灵活有趣地与数据进行交互，深入挖掘自己想要探索的问题。这种设计能力体现在参数、集、筛选等功能上，在此阶段的学习，我们不仅要理解这些功能，还应该做到灵活应用。完成这个阶段的学习，可以说，你已经能够应对 80% 的日常商业分析需求。

进阶特殊函数：常规函数通常用最简单的英文词语来表达，同时在 Excel、SPSS、SAS、MATLAB、SQL 等常见工具中反复出现。除此之外，Tableau 拥有自己独特的函数类别，这也是它的独特魅力，一旦熟悉了特殊函数，就像掌握了键盘上的快捷键，我们提出问题、探索数据、获得答案的过程将非常迅速。特殊函数主要由表计算函数和 LOD 函数构成，学习这些函数，就能够掌握 Tableau 中全部的计算功能了。

完美仪表板制作：所有人都很关心仪表板的制作，报表必须合理且美观。本教材除讲述常规的排版、布局和美化之外，还将传授仪表板联动和跳转的设计，这些功能让报告查看人员在查看仪表板时觉得方便而友好。

本教材是 Tableau 学习的入门读物，祝读者朋友们阅读愉快，掌握到基础的 Tableau 使用技能。当你学完本教材，觉得过于简单时，欢迎继续使用《Tableau 商业分析从新生到高手（视频版）》并完成每章习题，真实的商业场景与灵活的分析挑战正在向你招手。

—— 袁勋

博易智讯技术工程师

目录

第 1 部分　Tableau 使用概述

第 1 章　**数据可视化**..2

　1.1　用数据讲故事..3

　1.2　数据不只是数字..3

　1.3　在数据中寻找什么..4

　1.4　数据可视化的常见应用领域..6

　1.5　本章小结..7

　1.6　练习..7

第 2 章　**快速了解 Tableau**..8

　2.1　Tableau 的发展历程..8

　2.2　Tableau 产品简介..9

　　2.2.1　Tableau Desktop..9

　　2.2.2　Tableau Server..10

　　2.2.3　Tableau Online..11

　　2.2.4　Tableau Reader..11

　　2.2.5　Tableau Public..11

　　2.2.6　Tableau Prep..11

　2.3　Tableau 应用优势..12

　　2.3.1　简单易用..12

　　2.3.2　极速高效..13

　　2.3.3　美观交互的视图与界面..14

　　2.3.4　轻松实现数据融合..16

　　2.3.5　管理简便..16

　　2.3.6　配置灵活..16

　　2.3.7　贯穿数据整合到分析展现..17

　　2.3.8　智能化自助分析..17

2.4 Tableau 功能介绍 18
　2.4.1 数据连接 18
　2.4.2 了解 Tableau 工作区 21
2.5 本章小结 32
2.6 练习 32

第 2 部分　新手上路

第 3 章　基本操作和可视化图表 34
3.1 排序观察产品类别销售额 34
　3.1.1 快捷按钮排序 35
　3.1.2 直接拖动图形排序 36
　3.1.3 按字母列表排序 37
　3.1.4 手动设置顺序 37
3.2 数据分层与分组 38
　3.2.1 分层 38
　3.2.2 分组 41
3.3 参数设置 43
3.4 语法操作 45
　3.4.1 主要功能函数简介 46
　3.4.2 快速表计算简介 53
3.5 基本可视化图表 57
　3.5.1 条形图：产品类别销售额和利润额比较 58
　3.5.2 线形图：产品类别销售趋势观察 61
　3.5.3 饼图：产品类别销售额结构 63
　3.5.4 复合图：对比销售额和利润额 64
　3.5.5 嵌套条形图：比较各产品类别不同年度销售额 65
　3.5.6 动态图：按时间动态观察销售变化 67
　3.5.7 热图：通过颜色观察销售状况 69
　3.5.8 突显表：通过颜色和数值同时观察地区销售模式 71
　3.5.9 散点图：观察销售额和运输费用对应情况 73
　3.5.10 气泡图：多变量的直观对比 75
　3.5.11 数据地图：观察不同城市销售情况 76

　　3.6　新型可视化图表 77
　　　　3.6.1　甘特图：甘特图观察订单送货时间 77
　　　　3.6.2　标靶图：绘制实际销售和对应计划 79
　　　　3.6.3　盒须图：观察各类产品的销售额数值分布情况 81
　　　　3.6.4　瀑布图：不同产品类别净利润情况 83
　　　　3.6.5　直方图：研究订单的利润分布情况 85
　　　　3.6.6　帕累托图：研究客户消费等级结构 86
　　　　3.6.7　填充气泡图：气泡大小观察产品类别销售额 91
　　　　3.6.8　文字云：文本大小观察产品销售额 92
　　　　3.6.9　树状图：面积大小观察产品销售额 94
　　3.7　本章小结 95
　　3.8　练习 96

第 4 章　制作第一个仪表板 97
　　4.1　设计动态仪表板 97
　　　　4.1.1　新建仪表板 98
　　　　4.1.2　布局调整 99
　　　　4.1.3　创建动作 102
　　　　4.1.4　使用仪表板的注意事项 109
　　4.2　作品分享 109
　　4.3　本章小结 117
　　4.4　练习 117

第 5 章　实战演练 118
　　5.1　教育水平评估图表 118
　　　　5.1.1　学校教育水平评估 118
　　　　5.1.2　城市教育水平评估 126
　　5.2　网站内容评估图表 132
　　　　5.2.1　制作"按页面查看"视图 133
　　　　5.2.2　制作"按媒介查看"视图 134
　　　　5.2.3　制作"散点图"视图 137
　　5.3　投资分析图表 138
　　　　5.3.1　制作"投资增长率"视图 139

5.3.2 制作"文本显示"视图 148

5.3.3 合并视图到一个仪表板中 150

5.4 本章小结 150

5.5 练习 151

第 3 部分 成功晋级

第 6 章 巧用地图 154

6.1 保险业索赔分析 154

6.2 房地产估值分析 159

6.2.1 制作"销售区域分析"视图 159

6.2.2 制作"地域属性分析"视图 160

6.2.3 制作"月度分析"视图 161

6.2.4 制作估值分析动态仪表板 162

6.3 本章小结 163

6.4 练习 163

第 7 章 美化图表 165

7.1 保险业欺诈检测 165

7.2 生产分析 169

7.2.1 制作"订单分析"视图 169

7.2.2 制作"差异分析"视图 172

7.2.3 制作"机器状态分析"视图 177

7.2.4 制作生产分析动态仪表板 178

7.3 资源组合分析 179

7.4 本章小结 185

7.5 练习 185

第 8 章 设计动态仪表板 186

8.1 人力资源可视化分析 186

8.1.1 制作"职工特征散点图分析"视图 186

8.1.2 制作"职工年龄条形图分析"视图 187

8.1.3 制作"离退分析"视图 188

8.1.4 制作继任规划动态仪表板 190

8.2 资产监控 191

8.2.1 制作"年度分析"视图 191

8.2.2 制作"地域分析"视图 192

8.2.3 制作"全局分析"视图 194

8.2.4 制作资源监控动态仪表板 195

8.3 本章小结 197

8.4 练习 197

第 9 章 客户洞察 199

9.1 网站客户洞察 199

9.1.1 制作"各省销售"树图 199

9.1.2 制作"序列分析"视图 200

9.1.3 制作散点图 200

9.1.4 制作动态仪表板 203

9.2 零售业客户洞察 204

9.2.1 制作"时间序列分析"视图 204

9.2.2 制作"客户偏好分析"视图 205

9.2.3 制作"区域分析"视图 206

9.2.4 制作动态仪表板 207

9.3 游戏客户洞察 208

9.3.1 制作"客户属性分析"视图 208

9.3.2 制作"类型洞察"视图 210

9.3.3 制作"游戏进程分析"视图 212

9.3.4 制作"区域分析"视图 213

9.3.5 制作动态仪表板 216

9.4 本章小结 217

9.5 练习 217

第 4 部分　高手秘籍

第 10 章 灵活利用参数和仪表板动作 220

10.1 索赔分析与预测 220

10.1.1 制作"索赔分析"视图 221

10.1.2 制作"各省索赔额与赔付额情况"趋势图 229

　　　　10.1.3　制作"各省索赔额与赔付额倒金字塔"视图 230

　　10.2　门户创建 235

　　　　10.2.1　制作"油井 CO_2 排量"视图 235

　　　　10.2.2　创建"油井总收益"视图 236

　　　　10.2.3　制作"移动平均"视图 238

　　　　10.2.4　制作仪表板 239

　　10.3　网络广告投放分析 243

　　　　10.3.1　制作"广告分组 CTR"视图 243

　　　　10.3.2　制作"广告创意 CTR 与目标 CTR 对比"视图 244

　　　　10.3.3　制作"单次点击成本监测"视图 246

　　　　10.3.4　制作"网络广告投放分析"仪表板 253

　　10.4　本章小结 255

　　10.5　练习 256

第 11 章　设计个性化背景 257

　　11.1　NBA 赛事分析 257

　　11.2　货架图分析 262

　　　　11.2.1　制作"货架图"视图 262

　　　　11.2.2　制作"各门店销售趋势"视图 265

　　　　11.2.3　导入各产品类别图片 266

　　　　11.2.4　制作"货架分析报告"仪表板 270

　　11.3　本章小结 271

　　11.4　练习 272

第 5 部分　实际应用

第 12 章　中国楼市降温的分析 274

　　12.1　中国楼市分析 274

　　　　12.1.1　制作购房计算器 275

　　　　12.1.2　制作"房价与 GDP 关系"视图 279

　　　　12.1.3　制作"房价变化全国分布"视图 282

　　　　12.1.4　制作"环比变化城市排名"视图 284

　　　　12.1.5　制作"房价与 CPI 的关系"视图 285

　　　　12.1.6　制作销售情况的视图 288

　　　　12.1.7　制作施工情况的视图 291

　　　　12.1.8　制作投资情况的视图 292

　　　　12.1.9　制作动态仪表板 294

　　12.2　本章小结 296

　　12.3　练习 296

第 13 章　Tableau 官网访问数据分析 297

　　13.1　Tableau 官网各板块访问情况 297

　　　　13.1.1　制作"各板块总访问量"视图 298

　　　　13.1.2　制作"网站各板块访问量走势"视图 299

　　　　13.1.3　制作"单次浏览时长、访问人数交叉分析"视图 300

　　　　13.1.4　制作"各网址情况分析"视图 302

　　　　13.1.5　制作"仪表"视图 303

　　　　13.1.6　制作动态仪表板 303

　　13.2　本章小结 305

　　13.3　练习 305

第 14 章　伦敦巴士线路可视化 306

　　14.1　制作"伦敦巴士线路数据"视图 306

　　　　14.1.1　制作"路线地图" 307

　　　　14.1.2　制作"时间与人流量"视图 309

　　　　14.1.3　制作"支付方式"视图 311

　　　　14.1.4　制作动态仪表板 313

　　14.2　本章小结 315

　　14.3　练习 316

第 6 部分　拓展应用

第 15 章　关联分析与相关性分析 318

　　15.1　关联分析与相关性分析 318

　　　　15.1.1　制作"关联分析"视图 319

　　　　15.1.2　制作"相关性分析"视图 323

　　15.2　本章小结 328

　　15.3　练习 329

附录 A　Tableau 函数汇总 330

第 **1** 部分

Tableau 使用概述

  数据可视化已经不是什么新鲜的话题了，但是它的价值却与日俱增，不仅是从杂乱的数字到美观视图的飞跃，更是从杂乱的、难以"看透"的数据信息到直观易懂的企业决策信息的蜕变。数据可视化在提升企业形象的同时，提高了企业的收益，被称为企业难题的"美丽杀手"。

- 第 1 章　数据可视化
- 第 2 章　快速了解 Tableau

第1章

数据可视化

本章你将学到下列知识:

- 数据和数据可视化的联系与差别。
- 为什么要使用数据可视化。
- 数据可视化常见的应用领域有哪些?

根据互联网数据中心(Internet Data Center,IDC)的报告预测,2025 年全球生成的数据量将达到 163 ZB。这些数据蕴含着推动人类进步的巨大发展机遇。但要把机遇变成现实,人们需要借助触手可及的数据力量。

数据可视化(Data Visualization)是指通过图形化手段,清晰有效地表达数据中的信息,帮助人们"看到"数据中的规律和问题。在今天的大数据时代,"一图胜千言"变得更加真实。

近年来,随着大数据的应用和发展,数据可视化也成为了一个炙手可热的领域。要从多如繁星的数据中释放其蕴藏的巨大能量,理解、利用和掌握自身数据将变成一项最基本的生存技能。

数据可视化越来越成为企业核心竞争力的一个重要组成部分,从数字可视化到文本可视化;从条形图、饼图到文字云;从数据的可视化分析到企业的可视化平台建设。社会上数据可视化工程师的需求缺口巨大,然而只有为数不多的高校开始着手培养这方面的人才。

为帮助 Tableau 初学者快速了解和掌握数据可视化技术,本书基于 Tableau 结合多个行业中的实战案例来介绍数据可视化技术,旨在帮助高校学生和 Tableau 初学者快速利用工具掌握数据可视化背后的一些基本科学准则,充分体验这些准则是如何被有效运用在数据可视化分析和企业决策中，从而充分挖掘出数据中蕴含的信息和知识，提供业务决策支持，为企业和组织带来实实在在的价值的。本章主要对数据可视化的概念进行简要说明。

1.1 用数据讲故事

如果一开始我们不知道自己想了解什么，或者不知道可以了解什么，那么数据就是枯燥的。它不过是数字和文字的堆砌，除了冰冷的数值之外没有任何意义，而统计和可视化的好处就在于能帮助我们观测到更深层次的东西。事实上，数据是现实生活的一种映射，其中隐藏着许多故事，在一堆堆的数据之间存在着实际的意义、真相和美学。和现实生活一样，有些故事非常简单直接，有些则颇为迂回费解；有些故事只会出现在教科书里，有些则题材新奇。讲故事的方式完全取决于你自己，不论你的身份是统计学家、程序员、设计师还是数据研究者。

数据的故事无处不在，企业运营、新闻报道、艺术等，都在用数据讲故事。为了更好的传递数据中的信息，每个人都应该具备构建数据故事的能力。

1.2 数据不只是数字

数据不只是数字，还可以是文字、图片、视频、声音等。我们不仅可以用可视化来展现数字特征，还可以用来表达人的情感。就像我们可以从一个人的文章或评论中分析他所用的词汇是消极的还是积极的，并用可视化的形式来展示这个人的情感；也可以通过产品类别的名称大小来展现这些产品类别的销售额或利润额大小等，如图 1-2-1 所示。

图 1-2-1 可视化展现产品类别利润额大小

1.3 在数据中寻找什么

我们通过数据可视化，是为了从中寻找什么呢？三个方面：模式、关系和异常。不管图形表现的是什么，我们都要留心观察这三个方面。

模式，即数据中的某种规律。比如机场每月的旅客人数随着时间推移变化不定，通过几年的数据的对比，我们可以发现旅客人数存在着季节性或周期性的变化规律。又比如，分析某家网站不同时间内各个板块的访问量，转化率等，如图 1-3-1 所示。

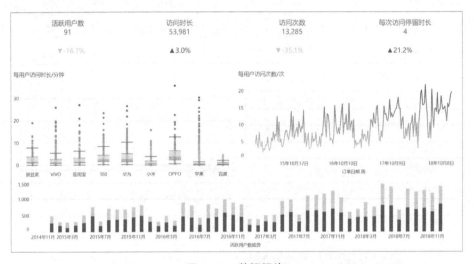

图 1-3-1　数据规律

关系，即各数据指标之间的相关性。在统计学中，关系通常代表关联性和因果关系。多个变量之间经常存在某种联系。比如，在散点图中，我们可以观察两个坐标轴的两个字段之间的相关关系，是正相关还是负相关，或者是不相关。如此，我们可以依次找到与因变量具有较强相关关系的自变量，从而确定主要的影响因素。比如我们研究网站访问的目标完成情况与访问量、转化率等的关系，如图 1-3-2 所示。

异常，即显著不同于大多数的数据。异常的数据并非都是错误数据，有些可能是设备记录或人工输入数据时出现了错误而导致的错误数据；有些也可能就是正确的数据，只是存在人为欺诈或偶然因素的影响使得数据出现了异常。通过异常分析，一方面可以分析异常原因，对设备是否正常运转或员工工

作态度进行检测；另一方面可以检测制度的漏洞，以完善制度，如图 1-3-3
所示。

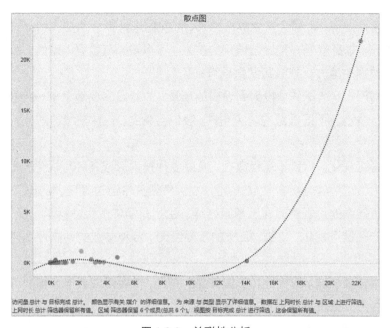

图 1-3-2　关联性分析

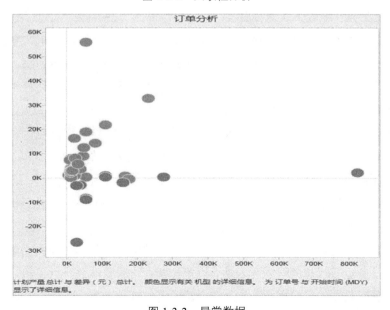

图 1-3-3　异常数据

1.4 数据可视化的常见应用领域

各种商业形态，都会产生数据记录，可视化作为更好的交流和分析数据的有效手段，本身就是一种比较通用的技术。可以说，有数据的地方，需要分析和交流数据的地方，就会用到数据可视化。

但对于初学者来说，投射到现实的场景，才能更容易地了解一种技术，下面列举一些涉及不同领域的现实场景，我们会看到，各种领域的划分有时不是互斥的。

科学可视化。用科学观察数据，通过多种技术形成各种可视化图形，以帮助科研人员理解和分析各种模式。例如，天气研究中通过颜色、标志等对风力、水流、气候学的可视化方法；基因结构、生物科学中的生命科学可视化方法。

生产领域可视化。二维、三维的工程绘图。各种参数的动态可视化展现和模拟。

大众传播领域。随着近几年信息图的兴起，传播领域使用大量的可视化技术，以向大众清晰快速地传递信息和知识。

商业领域可视化。可视化仪表盘，将很多关键数据指标展现为可视化形式，方便业务管理人员快速捕获信息，同时也提升了在有限时间内可摄取的信息量，帮助相关人员更有效率的作出决策。在一些情况下，可视化本身参与到分析进程中，而不仅仅是为了展现分析结果。例如，网站点击热力图，研究页面不同区域的点击情况，指导和改善网页设计。更近一步的可视化技术，可以跟踪用户的视觉轨迹，进行用户在页面的注意力分布情况的研究。以及在大型的商业机构和公共场所中，使用摄像头捕获客流数据，结合时间空间，对人群的行为轨迹进行可视化分析，制定对应的人群管理和引导政策。

地理信息可视化。地理信息可视化的历史悠久，并且运用广泛，结合近几年更加强大的信息采集，地理信息分析得以结合很多领域进行综合分析。如人口的变迁，商业的演化等。

设备仿真运行可视化。计算机程控及三维动画图像与实体模型相融合，实现了对设备运行状态的可视化表达，设备位置、外形及参数一目了然，使管理者对设备有具体的形象概念，大大减少管理者的劳动强度，提高管理效率和管理水平。

可视化是为了更好的传播和探索信息，所以，在多种领域，可视化都不作为一个完全独立的技术使用，都会结合领域知识，领域相关的数据，运用合理的可视化技术和方法，更好地完成目标。随着软硬件技术及理论的发展，可视化也在不断地拓展其应用范围。

1.5 本章小结

本章我们主要对"数据可视化"做了概念上的讲解，总结起来就是：数据可视化是对数据的一种形象直观的解释，让我们可以从不同的维度观察数据，从而更有效率地得到有价值的信息。

1.6 练习

（1）了解信息图，思考信息图和数据可视化的关系。

（2）关于为什么数据可视化是展现和沟通数据信息更好的方式，一种常见的说法的是视觉感官的信息处理速度比其他感官快，思考这种说法的合理性。

（3）思考一下在日常生活中见到的各种数据可视化作品，数据可视化少见吗？

第 2 章

快速了解 Tableau

本章你将学到下列知识：

- Tableau 的发展历程。
- Tableau 产品线有哪些产品？各自的定位和作用是什么？
- 相较于其他软件，Tableau 的优势有哪些？为什么它能成为主流的分析工具？
- 了解 Tableau 的基本操作方式与设计理念。

2.1 Tableau 的发展历程

Tableau 是一家提供商业智能的软件公司，于 2004 年正式成立，总部位于美国华盛顿州西雅图市。Tableau 产品起源于美国国防部一个提高人们分析信息能力的项目，项目移交斯坦福大学后快速发展，三位负责产品的博士后来共同创建了 Tableau 软件公司，在公司成立一年后，Tableau 就获得了 PC 杂志授予的"年度最佳产品"称号。

Tableau 致力于帮助人们看清并理解数据，帮助不同个体或组织快速简便地分析、可视化和共享数据。

Tableau 从发明第一项专利"VizQL™"开始，就一直保持良好的发展趋势。在 2011 年 Tableau 被美国高德纳（Gartner）咨询公司评为"全球发展速度最快的商业智能公司"；在 2012 年 Tableau 又被 *Software* 杂志评为 Software

500 强企业；从 2013 年到 2020 年，在 Gartner 商业智能和分析平台魔力象限报告中，Tableau 连续八次蝉联领先者殊荣；在 2019 年，Tableau 以 157 亿美元的价格被 Salesforce 收购。

2.2 Tableau 产品简介

Tableau 家族产品包括 Tableau Desktop、Tableau Server、Tableau Online、Tableau Reader、Tableau Public 和 Tableau Prep。下面，我们分别对 Tableau 各系列产品做简要的介绍。

2.2.1 Tableau Desktop

Tableau Desktop 是一款桌面端分析工具，通过 Tableau Desktop 可以连接到几乎所有的数据源，可连接的数据源类型如图 2-2-1 所示。当连接到数据源后，只需用拖放的方式就可快速地创建出交互式、美观、智能的视图和仪表板。Tableau 的高性能数据引擎，能够以惊人的速度处理数据。通过简单的鼠标操作，就可以完成对数百万条数据的可视化分析，在思考的瞬间就能获得所需的答案。

（a）

图 2-2-1 可连接的数据源类型

（b）

图 2-2-1　可连接的数据源类型（续）

Tableau Desktop 分为个人版和专业版两种，两者的区别在于：①个人版所能连接的数据源有限，其能连接到的数据源有文本文件（如.csv 文件）、JSON 文件、空间文件、统计文件、OData、Google 表格和 Web 数据连接器，而专业版可以连接到几乎所有格式或类型的数据文件和数据库；②个人版不能与 Tableau Server 相连，而专业版可以。

2.2.2　Tableau Server

Tableau Server 是服务器端应用程序，用于发布和管理 Tableau Desktop 创建的仪表板，同时也可以发布和管理数据源。Tableau Server 基于浏览器的分析技术，当做好仪表板并发布到 Tableau Server 上后，其他人可以通过浏览器或平板电脑看到分析结果。此外，Tableau Server 也支持 iPad 或 Andriod 平板电脑桌面应用端。

2.2.3　Tableau Online

Tableau Online 是 Tableau Server 软件及服务的云托管版本，建立在与 Tableau Server 相同的企业级架构之上。Tableau Online 不需要本地硬件安装，利用 Tableau Desktop 发布仪表板到云端后，就可以在世界的任何地方利用 Web 浏览器或移动设备查看实时交互的仪表板，并进行数据筛选、下钻查询或将全新数据添加到分析工作中。

2.2.4　Tableau Reader

Tableau Reader 是一款免费的桌面应用程序，用来察看 Tableau Desktop 所创建的视图文件，可以保持视图的可交互性，但不能进行编辑。

Tableau Desktop 用户创建交互式的数据可视化内容之后，可以将其发布为打包的工作簿。用户可以通过 Tableau Reader 阅读这个工作簿，并对工作簿中的数据进行过滤、筛选和检验。

2.2.5　Tableau Public

Tableau Public 适合所有想要在 Web 浏览器上讲述交互式数据故事的人。

Tableau Public 是一款免费的服务产品，你可以将你创建的视图发布在 Tableau Public 上，并将其分享在网页、博客上，或者类似 Facebook 和 Twitter 的社交媒体上，让大家与数据进行互动，发掘新的见解，而这一切不用编写任何代码即可实现。

Tableau Public 上的视图和数据都是公开的，任何人都可以与你的视图进行互动，察看你的数据并下载，还可以根据你的数据创建他们自己的视图。

2.2.6　Tableau Prep

Tableau Prep 融入 Tableau 后，将有效加速业务人员完成数据准备的过程。Tableau Prep 为数据准备过程提供了自定义的可视化体验，能够快速完成一些常见而又复杂的任务，例如连接、并集、透视和聚合；能够选中某个值并直接进行编辑；应用智能算法（如模糊聚类算法）完成高度重复的按拼音进行分组、清理特殊标点等。

2.3　Tableau 应用优势

作为新一代的 BI 软件工具，Tableau 从 2013 年到 2020 年，在 Gartner 商业智能和分析平台魔力象限报告中，连续八次蝉联领先者殊荣。Tableau 之所以有这么快的发展速度，在于其拥有独特的应用优势。Tableau 的应用优势主要体现在以下八个方面。

- 简单易用；
- 极速高效；
- 美观交互的视图与界面；
- 轻松实现数据融合；
- 管理简便；
- 配置灵活；
- 贯穿数据整合到分析展现；
- 智能化自助分析。

2.3.1　简单易用

Tableau 简单易用，通过拖放式用户界面的组件就可迅速地创建图表。由于连接和分析数据主要由需求提出者自己完成，因此企业 IT 团队可以避免各种数据请求的积压，转而把更多的时间放在战略性 IT 问题上，而 Tableau 用户又可以通过自己获得想要的数据和报告。

Tableau 的简单易用主要体现在如下几个方面。

- 单击几下鼠标就可以连接到所有主要的数据库。
- 通过拖放数据就可快速地创建出美观的分析视图，并可随时修改。
- 智能推荐最适合数据展现的图形。
- 通过网页和邮件就可以轻松与他人分享结果。

- 在网页上提供交互功能，比如向下钻取和过滤数据。

Tableau 是比 Excel 还要易用的分析工具，但简单易用并不意味着功能有限，用户可以使用 Tableau 分析海量数据，创建出各种具有美观性和交互性的图表，如图 2-3-1 所示。

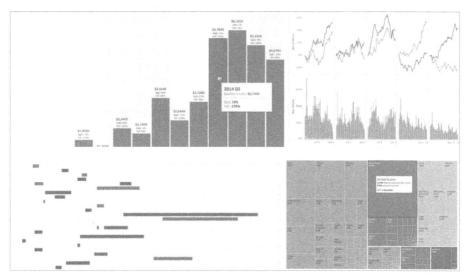

图 2-3-1 各种具有美观性和交互性的图表

2.3.2 极速高效

BI 要求运行速度快且容易扩展，为达到此性能，一个 BI 解决方案必须要有很多种方法。为了有较快的运行速度，传统的商业智能平台需要将数据复制到 BI 系统中的专有格式中。如此，公司的分析人员，并不是在做数据分析，而是在数据间来回重组，将数据从一种格式换到另一种格式。这样的结果就是，一位知识渊博的分析专员把他 80% 的时间花在了移动和格式化数据上，真正用来分析数据的时间只占 20%。Tableau 简化了数据获取和分析流程，如图 2-3-2 所示，将数据导入 Tableau 的高性能数据引擎，Tableau 可以用惊人的速度处理数据。无需任何编程，就可以完成对数据的分析。

Tableau 顺应人的本能用可视化的方式处理数据，一个巨大的优势就是：速度。通过拖放的方式就可改变分析内容，单击"趋势线"选项，即可识别趋势。再单击"筛选器"选项就可以添加一个筛选器。可以不停地变换角度来分析数据，直到深刻地理解数据为止。

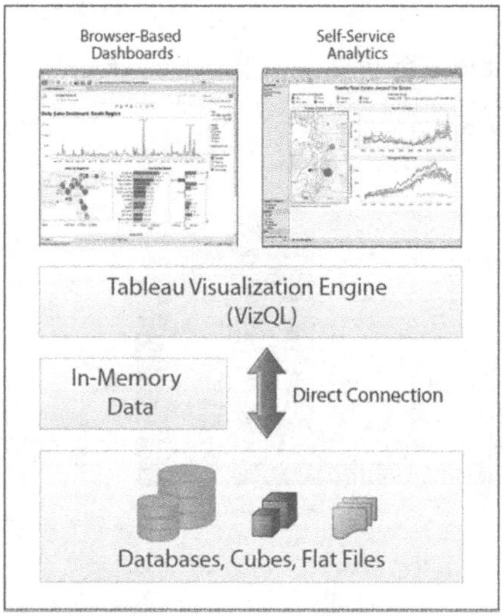

图 2-3-2　Tableau 数据引擎

2.3.3　美观交互的视图与界面

Tableau 另一个很重要的特点是，可以迅速地创建出美观交互的视图与界面。它的研发思路是顺应人的本能，让人们用可视化的方式处理数据。相对于密密麻麻的数据交叉表，人们从美观的数据图中分析和摄取信息的能力是惊人的。

Tableau 拥有智能推荐图形的功能，当用户选中要分析的字段时，Tableau 就会自动推荐一种合适的图形来展现数据，如图 2-3-3 所示。当然，用户也可以随时切换其他图形。

除了可以创建出美观交互的视图，Tableau 还拥有轻松的可视化界面，主要体现在以下几个方面。

- 交互式的数据可视化

Tableau 就如它主要的分析方法一样提供交互式的数据的可视化，在数据图形上选择和互动，就是对数据本身的计算，分析过程从一开始就是可视化的，而非使用"查询—获取数据—写报告—使用图表"的传统方式。

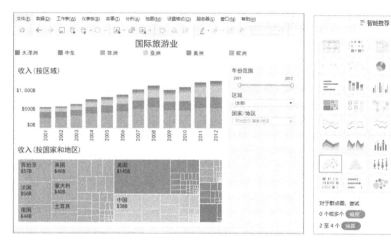

图 2-3-3　智能推荐

- 简单易用的用户界面

Tableau 的用户界面简单直白，易于理解，界面使用的是商业术语。普通商业用户会发现只需拖放、单双击的操作即可实现所有的功能。

- 地理情报的功能

一个组织发生的所有事情必定发生在某个地方，因此地理信息分析是非常重要的。Tableau 拥有强大的地图绘制功能，无需专业地图文件、插件、费用和第三方工具。

- 向下钻取

用户可以使用 Tableau 轻松地向下钻取底层细节数据。并且，向下钻取和钻透功能可以自动发生，无需特殊脚本或预先设置。更重要的是，在 Tableau 中，用户能够随时选择数据图形来查看底层数据，如图 2-3-4 所示。

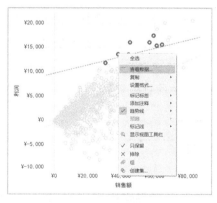

图 2-3-4　查看底层数据

15

2.3.4　轻松实现数据融合

传统的 BI 是假设所有重要数据都预先被移动到一个综合的企业架构当中，用户再从这个统一的架构中调取数据源进行使用。但这对于大多数企业来说，都是不现实的，更常见的情况是各种不同形态的数据被存放到企业的不同地方。

Tableau 可以灵活地融合不同的数据源，无论数据是在电子表格、数据库、数据仓库还是其他结构中，Tableau 都可以快速地连接到所需要的数据并使用。

Tableau 对于数据融合的方便性体现在以下几个方面。

- 允许用户融合不同的数据源

用户可以在同一时间查看多个数据源，在不同的数据源间来回切换分析，也可以把两个不同的数据源结合起来使用。

- 允许用户扩充数据

Tableau 能让用户随时引入公司外部的数据。比如，人口统计和市场调研数据。在制作数据图表的过程中，Tableau 还可以随时连接新的数据源。

- 减少了对 IT 的需求

Tableau 能让用户在现有的数据架构中接管数据提取到分析的工作。如此，IT 人员也可以从无休止地创建数据立方体和数据仓库的过程中解放了。IT 人员只要将数据准备好，开放相关的数据权限，Tableau 用户就可以自己连接数据源并进行分析。

2.3.5　管理简便

Tableau 对 IT 资源的要求甚少，不管是安装还是维护。Tableau 的升级是无痕迹的，不用配置新的数据库，不用安装新的中间层服务器。更重要的是，Tableau 的 BI 会遵守现有的安全验证模型，不用设置新的安全措施来保证升级前后的一致性。Tableau 的扩展是内置的，通过利用低成本的硬件选项可以扩展到数千用户。

2.3.6　配置灵活

企业需要根据当前的需求来部署 BI，但又需要考虑未来的需求增长。

Tableau BI 工具可以根据需要购买软件许可证，可以买一个、十个或上千个。从本地文件工作的独立分析师到通过网络访问众多数据源的上千个用户，Tableau 几乎支持所有的配置，如图 2-3-5 所示。

适用于独立分析师　　　　适用于团队和组织　　　　嵌入式分析

图 2-3-5　灵活的配置

2.3.7　贯穿数据整合到分析展现

对企业来讲，在开始数据分析之前，往往需要大量的数据准备工作，因为原始数据大多杂乱不堪，无法直接作为分析工作的数据来源。这让数据分析师的工作变的困难重重，他们不得不花费大量时间和精力去处理数据，这也使得数据分析工作进展缓慢。

Tableau BI 工具中的 Tableau Prep，很好的解决了这个问题。Tableau Prep 的核心功能在于数据处理，通过更加快捷、简单的操作，完成复杂的数据处理、整合工作。通过这种方式，大大减少了数据分析师处理杂乱数据的时间，提高了工作效率。

Tableau Prep、Tableau Desktop 及 Tableau Server 之间的严密配合，构成了 Tableau 的 BI 体系，从数据处理到数据分析，再到数据的展现、共享、保护，都畅通无阻。

2.3.8　智能化自助分析

随着时代的发展，人们越来越趋向于使用智能化、自助化的产品。在分析数据时，也是如此。Tableau 中的多种功能，能够帮助使用者不费吹灰之力就得到一些分析成果。比如，在数据解释功能中，只需单击任意数据集，即可查看其规律或特征与其他数据集之间的关系。另外，强大的数据问答功能，更是让使用者直接使用自然语言录入，就能够向数据提出问题。当问出"2020 年

10 月份牛奶销量最高的城市是哪里？”这样的问题时，Tableau 会直接给出正确答案。

2.4　Tableau 功能介绍

2.4.1　数据连接

Tableau 2020.3 版本可以方便迅速地连接到各类数据源，从一般的如 Excel、Access、文本文件等文件数据到存储在服务器上的如 Oracle、MySQL、IBM DB2、Teradata、Cloudera Hadoop Hive 等数据库文件。下面，我们简要介绍如何连接一般的文件数据和存储在服务器上的数据库文件，其他数据连接过程与该过程基本相似。

1．数据源连接

打开 Tableau Desktop，出现如图 2-4-1 所示界面，选择要连接的数据源类型。

以 Excel 数据源为例，单击后弹出“打开”对话框，如图 2-4-2 所示，找到想连接的数据源的位置，打开选择的数据源，出现如图 2-4-3 所示界面。

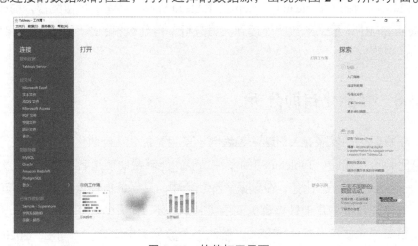

图 2-4-1　软件打开界面

图 2-4-2　打开 Excel 数据源

图 2-4-3　实时连接

　　在数据量不是特别大的情况下，单击"实时"单选按钮。转到工作表，出现如图 2-4-4 所示界面，这样就将 Tableau 连接到数据源了。整个界面的功能区菜单将在下一节作详细介绍。这里，图中左侧的"数据"选项卡，上方为"维度"列表框，下方为"度量"列表框，这是 Tableau 自动识别数据表中的字段后分类的，"维度"一般是定性的数据，"度量"一般是定量的数据。有时，某个字段并不是"度量"字段，但由于它的变量值是定量的数据形式，因此它也会出现在"度量"列表框中。比如，图 2-4-4 中的"订单号"字段就出现在"度量"列表框中，但其数值不具有实际的量化意义，因此只要将其拖曳至"维度"
列表框即可。

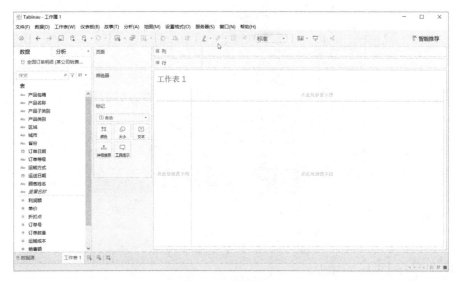

图 2-4-4　数据窗口

2. 数据库连接

使用 Tableau 连接到数据库，步骤也非常简单。首先，选择要连接的数据
库类型，这里选择 MySQL，弹出如图 2-4-5 所示对话框。

- 输入服务器名称和端口。
- 输入登录到服务器的用户名和密码。
- 单击"登录"按钮，进行连接测试。
- 在建立连接后，选择服务器上的一个数据库，如图 2-4-6 所示。
- 选择数据库中的一个或多个数据表，或者用 SQL 语言查询特定的数据
表，如图 2-4-7 所示。
- 给连接到的数据库一个名称以在 Tableau 中显示。

经过以上数据库连接配置步骤之后（注：这里连接的是本地服务器，请大
家根据各自的服务器情况输入相关信息），单击"确定"按钮，完成连接到数
据库的操作，就可以使用数据库的数据进行分析了。

若用 SQL 语言查询特定的数据表，只需单击"新自定义 SQL"选项（见
图 2-4-6）的左侧按钮，弹出"编辑自定义 SQL"对话框，如图 2-4-7 所示，然

后选择数据库中的一个或多个数据表即可。Tableau 10 版本以后的版本也支持在选择数据库类型后登录服务器前输入初始 SQL（见图 2-4-5 左侧圆圈圈出部分）。

图 2-4-5　MySQL 对话框

图 2-4-6　选择服务器上的一个　　　图 2-4-7　编辑自定义 SQL
　　　　　数据库

这里只介绍了如何连接到 MySQL，若要连接到其他数据库，其操作步骤是一样的，这里不过多介绍。可以看到，用 Tableau 连接到数据库的步骤非常简单，并且可以连接到几乎所有的数据库，也可以通过 ODBC 驱动器连接到其他数据库。

2.4.2　了解 Tableau 工作区

在 2.4.1 小节中，介绍了如何使用 Tableau 连接到不同类型的数据源。当 Tableau 连接到数据源之后，就会出现如图 2-4-8 所示的工作界面。本节将对

工作界面中的各个功能区做一个较为全面的介绍，以方便大家了解和使用
Tableau。

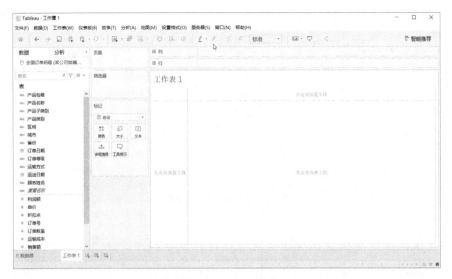

图 2-4-8　工作界面

界面指示图如图 2-4-9 所示。

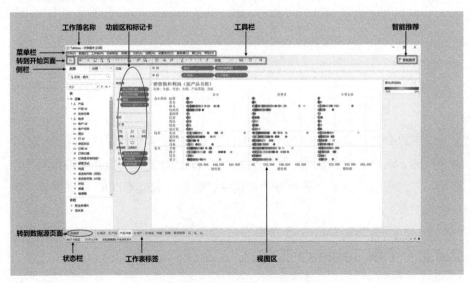

图 2-4-9　界面指示图

图 2-4-9 对各个功能区做了简要的注释，下面我们对主要的功能区进行详

细介绍。

- 菜单栏：在菜单栏中有"文件""数据""工作表""仪表板""故事""分析""地图""设置格式""服务器""窗口""帮助"菜单。

"文件"菜单的主要作用是新建工作簿、保存文件、导出文件等，单击"文件"菜单，弹出如图 2-4-10 所示下拉菜单。

"数据"菜单的主要作用是连接和管理数据源，单击"数据"菜单，弹出如图 2-4-11 所示下拉菜单。

其中，"粘贴"选项用来粘贴所复制的数据。比如，复制某些网页上的数据，选择"粘贴"选项就可以将数据粘贴进 Tableau 了。

图 2-4-10　"文件"菜单

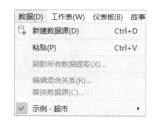

图 2-4-11　"数据"菜单

"刷新所有数据提取"选项是更新所有的提取数据。

"编辑混合关系"选项是编辑数据源之间的关系，单击该选项，弹出如图 2-4-12 所示对话框（这里我们已连接了两个数据源，所以可以编辑两个数据源中各字段对应的关系），Tableau 会自动识别两个数据源之间的相同字段。若两个数据源中某两个字段名称不同但性质相同，则可以通过此选项进行设置，人工进行匹配。

此外，在"数据"菜单中还可以看到已连接到的所有数据源，单击某个数据源右侧按钮，弹出如图 2-4-13 所示子菜单，可以对该数据源进行相关操作，如编辑数据源、刷新、关闭等。这些功能也可通过右击数据显示框中某个数据源，弹出如图 2-4-13 所示圆圈内的选项，进行相关操作。

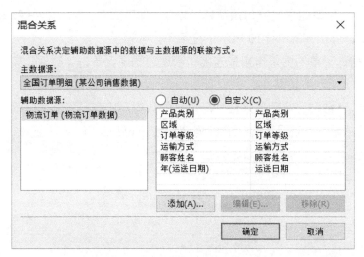

图 2-4-12　编辑数据源之间的关系

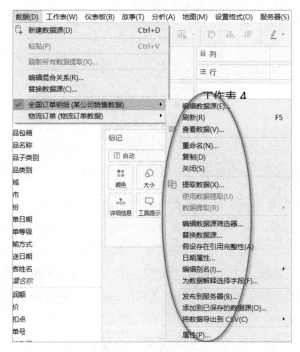

图 2-4-13　对已连接数据源可进行的操作

"工作表"菜单的主要作用是对当前工作表进行相关操作,单击"工作表"菜单,弹出如图 2-4-14 所示下拉菜单。其中,"复制"选项是复制当前工作表中的视图;"导出"选项是导出当前工作表中的视图;"清除"选项可以清除相关显示或操作;"操作"选项可以设置一种关联,单击该选项弹出如图 2-4-15 所示对话框,在该对话框中可以设置各种"操作",对此,本书后文中会有详细的操作介绍;"工具提示"选项是指当鼠标指针停留在视图上某点时会显示该点所代表的信息,单击"工具提示"选项弹出如图 2-4-16 所示对话框,可以对信息提示的格式或内容进行设置,在后面的章节中可以看到实际的应用介绍;"显示摘要"选项可以显示视图中所用字段的汇总数据,主要包括总和、平均值、中位数、众数,等等;"显示卡"选项可以显示或隐藏视图中的功能区和标记卡。

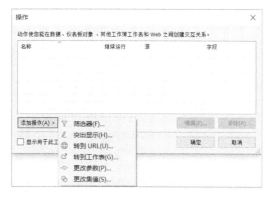

图 2-4-14 "工作表"菜单　　　　　图 2-4-15 "操作"对话框

"仪表板"菜单的主要作用是对仪表板内的相关工作表进行相关操作,单击"仪表板"菜单,弹出如图 2-4-17 所示下拉菜单,主要有"新建仪表板""设置格式""操作"选项。"新建仪表板"操作也可通过在工作表底部右击标签栏,在弹出的快捷菜单中选择"新建仪表板"选项完成;"设置格式"选项是对仪表板进行相关格式设置;"操作"选项是设置一种联动,控制仪表板内各个工作表之间的关联,在后面章节中可以看到很多应用案例。

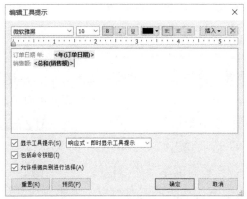

图 2-4-16 "工具提示"对话框　　　　　图 2-4-17 "仪表板"菜单

"故事"菜单如图 2-4-18 所示。"故事"菜单是一个包含一系列工作表或仪表板的工作表，这些工作表和仪表板共同作用以传达信息。我们可以创建故事，或者创建一个极具吸引力的案例以揭示各种事实之间的关系。

图 2-4-18 "故事"菜单

"分析"菜单的主要作用是对视图中所用的数据进行相关操作，单击"分析"菜单，弹出如图 2-4-19 所示下拉菜单。

其中，一般情况下默认勾选"聚合度量"，当我们想看某个字段的单个独立值时，就可以取消勾选该选项；单击"堆叠标记"选项右侧的按钮，出现三个选项，默认选择"自动—开"选项，有时可能不需要堆叠图标，则选择"关"选项，在第 4 章创建嵌入条形图时，可以看到此选项；"百分比"选项可以指定某个字段计算百分数的范围；"合计"选项汇总数据，包括分行合计、列合计和小计，在做数据交叉表时，可能要用到这些合计选项；"趋势线"选项，若需要为视图添加一条趋势线，则可用此选项，后文可以看到实际案例，也可在视图区直接右击，在弹出的快捷菜单中选择"趋势线"选项；"筛选器"选项可以设定显示哪些筛选器；"图例"选项可用来设定显示哪个图例；"创建计算字段"选项可以用来编辑公式以创建新的字段，单击该选项弹出如图 2-4-20 所示对话框，可以创建新的字段。

图 2-4-19 "分析"菜单　　　　　图 2-4-20 创建新的字段

"地图"菜单主要用来对地图进行相关操作和设置。单击"地图"菜单，弹出如图 2-4-21 所示下拉菜单，单击"背景地图"选项右侧按钮，弹出如图 2-4-22 所示子菜单，这里可以选择"无""脱机"等选项；"背景图像"选项的作用是为某个数据表导入一张背景图，单击其右侧按钮，弹出如图 2-4-23 所示子菜单。

图 2-4-21 "地图"菜单　　　　　图 2-4-22 "背景地图"选项

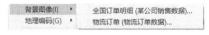

图 2-4-23 "背景图像"选项

单击某个数据源，弹出如图 2-4-24 所示对话框，即可添加一张背景图片，在第 11 章可以看到详细的案例介绍。

"地理编码"选项用来导入自制的地理编码，单击该选项，弹出如图 2-4-25 所示子菜单。

"编辑位置"选项对视图中地图上的位置进行编辑，如果某个地理位置在地图上未显示或显示有误，可单击此选项，弹出如图 2-4-26 所示"编辑位置"对话框，即可对某个地理位置进行编辑。

图 2-4-24　添加背景图片

图 2-4-25　"地理编码"选项

图 2-4-26　编辑位置窗口

"设置格式"菜单的主要作用是对工作表的格式进行相关设置，单击"设置格式"菜单，弹出如图 2-4-27 所示下拉菜单，这里对每个选项不作详细解释。

"服务器"菜单，单击该菜单，弹出如图 2-4-28 所示下拉菜单，主要的选项是"登录""发布工作簿""打开工作簿"，这里不做过多介绍。

图 2-4-27 "设置格式"菜单　　　　图 2-4-28 "服务器"菜单

"窗口"菜单主要用来设置整个窗口视图，单击该菜单，弹出如图 2-4-29 所示下拉菜单。单击"演示模式"选项，则整个窗口界面只剩视图、相关图例和筛选器；单击"书签"选项，可以将当前工作表保存为书签。"第 2 章　快速了解 Tableau""工作表 4"是在本工作簿中已创建的工作表，其中，"工作表 4"是当前活动的工作表。

"帮助"菜单，单击该菜单，弹出如图 2-4-30 所示下拉菜单，这里不做过多说明。

图 2-4-29 "窗口"菜单　　　　图 2-4-30 "帮助"菜单

菜单栏已经介绍完了，接下来简要介绍一下工具栏中几个常用图标的作用。

- 工具栏：在工具栏中有各种图标，相当于快捷键，单击即可实现相关功能，主要的几个图标如下。

← → ——后退/前进。撤销某一动作或向前一步动作。

⬚ ——转置。将当前视图的横轴、纵轴对调。

⬚ ⬚ ——升序/降序。

⬚ ——标签。为视图中的点添加标签值。

标准 ▾ ——视图区的视图模式菜单。单击下拉按钮，有"标准""适合宽度""适合高度"和"整个视图"四个选项。"整个视图"选项共四个视图模式，选择某个视图模式，视图区的大小就相应改变。

⬚ ——轴刻度固定按钮。当需要固定横/纵轴的刻度时，单击此图标，也可以双击横/纵轴，在弹出的对话框中进行设定，后文中有举例。

- 其他功能区

"数据"选项卡：显示所有已连接到的数据源，当要使用某个数据源时，只需单击该数据源，"维度"列表框和"度量"列表框中就会显示该数据源的相关字段。

"分析"选项卡：如图 2-4-31 所示，通过"分析"选项卡能够方便、快速地访问 Tableau 中常用的分析功能。用户可以从"分析"选项卡向视图区拖曳参考线、预测、趋势线和其他对象，对数据进行探索和洞察。

"智能推荐"选项卡："智能推荐"功能在前面已经提过，其中有二十四种不同类型的图形，"智能推荐"选项卡如图 2-4-32 所示。当我们选中某些字段时，Tableau 会自动推荐一种最合适的图形来展现我们的数据，这一点也是 Tableau 的特色。当需要将某种图形变为另一种图形时，只需在这里单击某种图形即可（前提是所选用的字段数据适合用该种图形表示）；"智能推荐"功能大大加快了我们作图的速度，在本书后文中大家可以看到很多使用案例。

"行"功能区、"列"功能区：用来存放某个字段。当需要用某个字段作图时可将该字段直接拖曳至此功能区，或者将该字段拖曳至对应的行或列上。

"页面"功能区：相当于"分页"，当我们将某个字段拖曳至此功能区时，会出现一个播放菜单，动态地播放该字段，数据会随时间或其他维度发生动态变化。形象地说，就像将数据"一页一页翻过去"一样，后文中大家也会看到实际的案例应用。

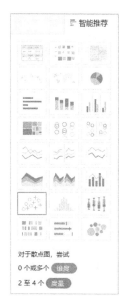

图 2-4-31 "分析"选项卡   图 2-4-32 "智能推荐"选项卡

"筛选器"功能区：将某个字段拖曳至此功能区时，可将该字段作为筛选器使用，并对筛选器进行相关设置。

"标记"卡：该"标记"卡中的选项经常被用到，后文中大家随时可以看到它的应用。其中，单击"标记"卡下方下拉按钮，弹出如图 2-4-33 所示下拉菜单，可以选择各种图形；对于"文本""颜色""大小"框，作用分别是当将某个字段拖曳至某个框时，相应地将该字段在视图中用作标签、用颜色表示、用大小表示，后文中也随时可看到其应用；对于"详细信息"框，其主要作用是当某个字段不用直接放在"行"功能区或"列"功能区时，可拖曳至此框，后文中同样会看到其应用。

"维度"列表框（"度量"列表框）：这是 Tableau 自动识别数据表中的字段后分类的，将在第 3 章进行介绍，这里要补充的是，当我们在工作簿中创建数据集或参数时，在下方会出现"集"列表框或"参数"列表框，这点在后面章节中大家会看到。

工作表标签栏：可以对每个工作表或仪表板命名。右击工作表标签栏弹出如图 2-4-34 所示快捷菜单，有"新建工作表""新建仪表板""复制"等选项。

图 2-4-33　标记类型选项　　　图 2-4-34　右击工作表标签栏弹出的快捷菜单

2.5　本章小结

本章对 Tableau 产品的发展历史和软件特征进行了简单介绍。

简单介绍了软件的主要操作。从如何连接数据源开始，并对 Tableau 的各个功能区及菜单选项作了较为详细的介绍。

通过本章内容，大家会对 Tableau 的操作界面有较为全面的认识，从而方便掌握后面作图的相关操作。

2.6　练习

（1）Tableau 有哪些产品？这些产品分别能做什么？特点和优势是什么？

（2）传统的 BI 软件与 Tableau 的主要差异在哪里？

（3）Tableau 能连接什么类型的数据源？

（4）Tableau 的主要操作方式有哪些，最有效率的方式是什么？

（5）Tableau 的主要设计理念是什么？

第 **2** 部分

新 手 上 路

在这一部分，我们先借助一份销售数据将 Tableau 的主要功能集中讲解，然后用三个案例来实战演练。通过这一部分的学习，读者可以掌握 Tableau 的基本操作，制作一些简单的仪表板，知道如何使用筛选器和参数控制自己的图表，以及如何在不同设备（如电脑、平板和手机端）下自动适配可视化作品。

- 第 3 章　基本操作和可视化图表
- 第 4 章　制作第一个仪表板
- 第 5 章　实战演练

第**3**章

基本操作和可视化图表

本章你将学到下列知识：

- 字段排序、分层与分组。
- 如何创建与使用软件的参数功能。
- 掌握主要功能函数及快速表计算。
- 基本可视化图表：条形图、线形图、饼图、复合图、嵌套条形图、动态图、热图、突显表、散点图、气泡图、数据地图。
- 新型可视化图表：甘特图、标靶图、盒须图、瀑布图、直方图、帕累托图、填充气泡图、文字云、树状图。

3.1 排序观察产品类别销售额

扫码看视频

在分析数据时，为了对数据有一个初步的了解，经常会对数据进行排序，以查看数据的数值范围，以及是否存在异常值等状况。Tableau 有多种排序方式，可以选择快捷按钮排序、直接拖动图形排序、按字母列表排序、手动设置排序等排序方式，操作非常简单。

以某公司销售数据为例，首先将 Tableau 连接到数据源"某公司销售数据.xls—全国订单明细.sheet"①，将"销售额""产品类别"字段分别拖曳至"列"
功能区和"行"功能区中，如图 3-1-1 所示。现在用上面讲到的各种排序方式
对其进行排序。

3.1.1 快捷按钮排序

方法一：单击工具栏中的升序图标" 📊 "（降序图标" ⬇ "），而后图 3-1-
1 就变成了如图 3-1-2（图 3-1-3）所示按序排列的图形。

方法二：将鼠标指针移至图 3-1-1"行"功能区中"产品类别"字段处，
其右边会显示一个排序图标" **产品类别** "，单击此图标即可完成排序。

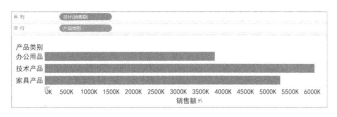

图 3-1-1 产品类别的销售额分析

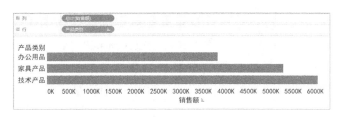

图 3-1-2 升序排列

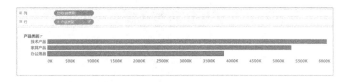

图 3-1-3 降序排列

方法三：将鼠标指针移至图 3-1-1"行"功能区中"产品类别"字段处，
右击该字段，在弹出的快捷菜单中选择"排序"选项，在弹出的"排序"对话

---

① 注：本章中所使用的数据源如无特别说明，皆来自"某公司销售数据.xls—全国订单明
细.sheet"。

框中，"排序依据"下拉列表中选择"字段"选项；"排序顺序"选区中单击"升序"（"降序"）单选按钮；"字段名称"下拉列表中选择"销售额"选项；"聚合"下拉列表中选择"总和"选项，如图 3-1-4 所示。这种方法可以按照特定字段的计算值排列顺序。

图 3-1-4　排序窗口

3.1.2　直接拖动图形排序[①]

在 Tableau 中，还可以将某个变量值直接拖曳至你想放置的位置。例如，在图 3-1-5 中，可以先选中"家具产品"字段并将其拖曳至"办公用品"字段下方，而后松开鼠标，实现顺序的改变。

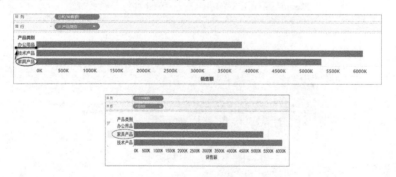

图 3-1-5　拖动功能

---

① 注：这个拖动的动作，即使是在已对某些数据进行某种排序以后，仍可以使用，并且不会改变之前的整体排序规则。

3.1.3　按字母列表排序

　　将鼠标指针移至"行"功能区或"列"功能区中要进行排序的变量名处，这里是"产品类别"字段，右击，在弹出的快捷菜单中选择"排序"选项，弹出如图 3-1-4 所示对话框，在"排序依据"下拉列表中选择"字母"选项。

3.1.4　手动设置顺序

　　将鼠标指针移至"行"功能区或"列"功能区中要进行排序的变量名处，这里是"产品类别"字段，右击，在弹出的快捷菜单中选择"排序"选项，弹出如图 3-1-6 所示对话框，"排序依据"下拉列表中选择"手动"选项，而后可以在下面的列表框中拖动各变量值至你所想要的排列方式。这种排序方式在某个字段有很多的变量值时比较有用。

图 3-1-6　手动设置顺序

　　在前面讲快捷按钮排序的方法三时我们注意到，在弹出的如图 3-1-4 所示对话框中，有一个"字段名称"下拉列表，单击其下拉按钮，弹出如图 3-1-7 所示列表框，"字段名称"的作用是，你可以为"产品类别"字段的排序设定一种排序依据。比如，可以根据"销售额"的大小或"利润额"的大小排序。还可以对该排序依据变量设置一种聚合方式，在"聚合"下拉列表中有多种类型可供选择，如图 3-1-8 所示。

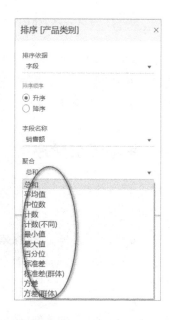

图 3-1-7　按字段排序　　　　　图 3-1-8　聚合类型选择

扫码看视频

3.2　数据分层与分组

通过 3.1 节的介绍，我们已经知道了如何对某个变量进行排序。接下来要介绍的是：

- 如何对某些变量创建一个分层结构，以利于向下钻取。
- 如何将具有某种相同特点或人为强制归类的变量值归到一个组或集里。

3.2.1　分层

在某些情况下，需要对几个变量创建一个分层结构，以便在作图或数据分析时随时向下钻取数据。

以某公司销售数据为例，将 Tableau 连接到数据源后出现如图 3-2-1 所示界面。然后在"维度"列表框中，就可以对相应的字段创建分层结构了。

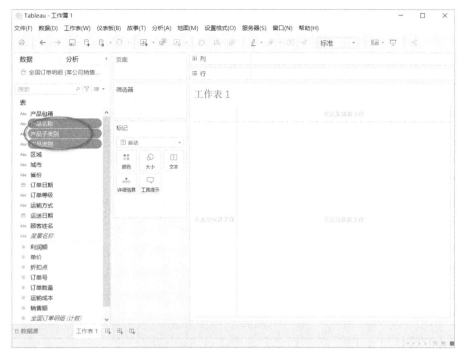

图 3-2-1 选择分组字段

在图 3-2-1 中，在"维度"列表框里有"产品子类别""产品类别""产品名称"字段，可以对这三个字段创建一个分层结构，以实现从"产品类别"→"产品子类别"→"产品名称"的向下钻取。方法步骤如下。

方法一：按住"Ctrl"键，同时选中"产品子类别""产品类别""产品名称"三个字段，右击，在弹出的快捷菜单中执行"分层结构"—"创建分层结构"命令，Tableau 默认将该三个字段名作为层级的名称，这里把名称改成"销售产品"，单击"确定"按钮。然后拖动三个字段，使其顺序调整为"产品类别""产品子类别""产品名称"，最后结果如图 3-2-2 所示。

方法二：选中"产品子类别"字段，直接将其拖曳至"产品类别"字段上，Tableau 自动创建这两个字段的分层结构，单击"确定"按钮。然后将"产品名称"字段拖曳至"产品子类别"字段下方。最后，选中"产品类别""产品子类别"字段，右击，在弹出的快捷菜单中选择"重命名"选项，将名称改为"销售产品"。

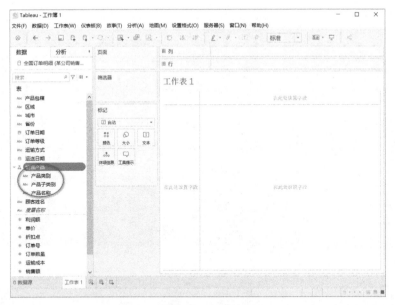

图 3-2-2　分层

创建好分层结构后，就可以方便地向下钻取数据。例如，将"产品类别""销售额"字段如图 3-2-3 所示放置，可以看到在"产品类别"字段左侧有一个"+"，表示可以继续向下钻取。单击"+"，出现如图 3-2-4 所示向下钻取后各产品类别的销售额情况。

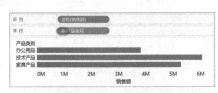

图 3-2-3　向下钻取标示

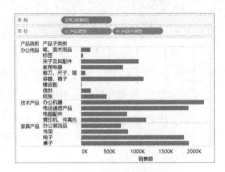

图 3-2-4　向下钻取操作

在 Tableau 中，可以迅速地对原有维度中的字段创建分层结构，以实现向下钻取。在图 3-2-4 中，在"产品子类别"字段左侧有一个"+"，表示可向下钻取。另外，Tableau 对日期的向下钻取是自动创建的（前提是日期详细到相应的级别），有许多种选项可供选择。如图 3-2-5 所示，在"订单日期"字段左侧有一个"+"表明可以向下钻取，可以直接单击它，也可以选中后右击，在弹出的快捷菜单中选择不同时间单位,以实现向下钻取。Tableau 有很多种"时间单位"可供选择，如选择"月"，结果如图 3-2-6 所示。

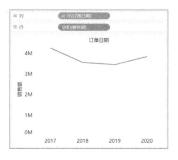

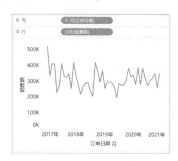

图 3-2-5 随日期变化视图　　　　　图 3-2-6 日期精度选择

当然，Tableau 的向下钻取功能并不局限于层级的钻取。在任意一个视图中，当把鼠标指针放到某个点上或选择某片区域后，都会出现一个"工具提示栏"，如图 3-2-7 所示，单击" ▦ "（查看数据）图标即可看到原始的详细数据。

图 3-2-7 选中视图某点查看数据

3.2.2 分组

当做好一个图之后，某些情况下可能存在某些数值很小，而且对分析也无重要影响的变量值，为避免分散注意力，可以将这些数值很小的变量值归到一个组里，以便更好地分析。

在做好一个销售统计图之后，我们发现有几个利润额是负的，为了让相关业务人员特别注意这些值，可以将这些值归到一个集里。与上文提到的归组稍有不同，这里 Tableau 建议创建一个集。当双击这个"集"时，视图中将只出现"集"里的数据。

在图 3-2-8 中可以看到，椭圆圈中的产品销售额都非常小，为了视图更方便分析，可以将这些小额产品归到一个组里，以显示这些小额产品对于每一个产品子类别的对比。按住"Ctrl"键，选中这些变量值，右击，在弹出的快捷菜单中选择"组"选项，在"维度"列表框中就会生成一个新的字段"产品子类别（组）"，编辑字段将新生成的组名称改为"小件"，将此字段拖曳至"行"功能区，结果如图 3-2-9 所示。

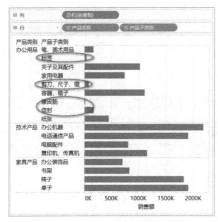

图 3-2-8　选中数据

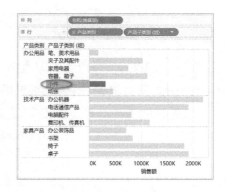

图 3-2-9　创建分组

在图 3-2-9 中，可以将"利润额"字段拖曳至视图，以分析各类产品的盈利情况。如图 3-2-10 所示，可以看到，椭圆圈所选中的产品利润都较好，方框所选中的产品利润是负的。为了方便相关人员对负利润产品进行重点分析，可以创建一个集，以包含负利润产品数据。按住"Ctrl"键，选中方框所框住的条形，右击，在弹出的快捷菜单中选择"创建集"选项，并将其命名为"负利润产品"，单击"确定"按钮。这时，发现在左侧数据边栏中多了一个新的字段"负利润产品"。将刚才创建的"负利润产品"字段拖曳至"筛选器"功能区，图像转变为如图 3-2-11 所示负利润产品的子集。

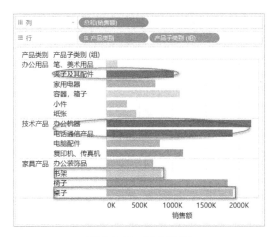

图 3-2-10　选中数据

图 3-2-11　负利润产品的子集

3.3 参数设置

扫码看视频

在制作可视化图表的过程中，有时需要构造一个可以动态变化的参数来帮助分析。这个参数可以放到一个函数中，也可以用在筛选过滤上等，以创建出更具交互感的可视化图表。那在 Tableau 中应如何操作呢？

创建一个参数的步骤非常简单。将 Tableau 连接到数据源后，在左侧"维度"列表框和"度量"列表框中，选中某个字段或在空白处右击，在弹出的快捷菜单中执行"创建"—"参数"或"创建参数"命令。这里选中"销售额"字段，右击，执行"创建"—"参数"命令，弹出如图 3-3-1 所示"创建参数"对话框。

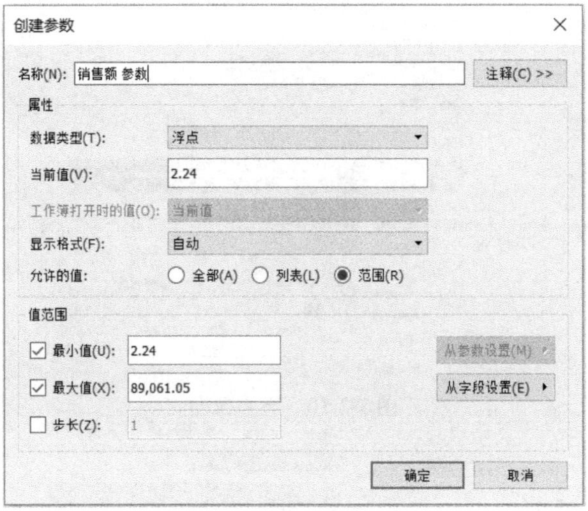

图 3-3-1　"创建参数"对话框

在该对话框中，可以对参数进行命名。单击"注释"按钮可以对该参数添加文字解释。在"属性"选区中，可以为参数设定数据类型、当前值及显示格式，然后可以设定参数允许的值。参数允许的值设定有以下三种方式。

- 当前变量的所有值，即"全部"单选按钮；
- 给出固定的取值列表，即"列表"单选按钮；
- 给出一定的取值范围，即"范围"单选按钮。

在"允许的值"选区下方，可以设定参数的最小值和最大值，还可以指定数值的变化幅度，即步长。图 3-3-1 右下方的"从参数设置"按钮表示从别的参数中导入数值，"从字段设置"按钮表示从"度量"列表框和"维度"列表框的字段中导入数值。

这里不是要创建一个销售额的参数，而是创建一个独立的销售额增长率参数。该参数的目的是为了在视图中观察，当销售额增长一定百分比时，销售额时间序列图与当前销售额时间序列图有什么样的变化。

在图 3-3-1 中，将参数命名为"销售额增长率"，"数据类型"设为"整数[①]"，"当前值"设为 1，"显示格式"设为"自动"，在"值范围"选区中，将"最小

---

① 注：这里的值都定为整数，我们在后面构造新字段时，只需将其除以 100，即变成百分数。

值"设为 1,"最大值"设为 100,"步长"设为 5,如图 3-3-2 所示,单击"确定"按钮。

图 3-3-2　创建参数"销售额增长率"

单击"确定"按钮后,在"维度"列表框和"度量"列表框下方出现了一个"参数"列表框,如图 3-3-3 所示,之后创建的其他参数都将在此列表框中出现。现在,参数已经创建好了,在 3.4 节中将看到该参数是如何被使用的。

图 3-3-3　"参数"列表框

3.4 语法操作

本节主要介绍 Tableau 中主要的功能函数,以及如何利用这些函数在恰当的时机快速地构造出一个新的字段，利用这个新的字段可以在创建的可视化图表中发现更多信息。

除了使用功能函数，Tableau 还有一个快速表计算功能，对于"度量"列表框中的某个字段，该功能可以对该字段的计数方式进行设置。对于已经创建好的图表，仍可使用快速表计算功能，随时改变图表中某个字段的计数方式，从而在图表中展现想要分析的计算数据。

3.4.1 主要功能函数简介

扫码看视频

1. 聚合函数——观察产品销售利润

将 Tableau 连接到数据源"某公司销售数据.xls—全国订单明细.sheet"之后，可以看到原始数据中并没有利润率这一指标数据。为了解该公司各产品类别的盈利能力，可以利用 Tableau 的公式编辑器构造一个利润率指标。步骤如下。

在"维度"列表框和"度量"列表框中任意选择某个字段，这里选中"销售额"字段，右击，在弹出的快捷菜单中执行"创建"—"计算字段"命令，弹出如图 3-4-1 所示对话框。也可以将鼠标指针移至空白处，右击，在弹出的快捷菜单中选择"创建计算字段"选项，区别在于后者弹出的对话框与前者相比，公式编辑框中没有前者所选中的字段。

在图 3-4-1 中，"名称"处可以对该新字段进行命名，其下方是公式编辑框。在公式编辑框下方有一行小字，会时刻显示公式编辑是否正确。右边是函数列表框，有各种各样的函数可供选择。函数列表框右边是对所选中的函数的说明框，当选中某个函数时，框内就会对该函数的功能及如何使用给出说明。

在"名称"处输入"利润率"，在公式编辑框中输入：SUM([利润额])/SUM([销售额])[①]，如图 3-4-2 所示，下方文字显示"计算有效"，单击"确定"按钮。

---

① 注：在这个公式中，需要在[利润额]和[销售额]前面都加上 SUM 函数。若不加，公式虽也正确，但因 Tableau 默认显示汇总数据，所以最后的结果会变为每个订单产品的利润率总和。

图 3-4-1　创建计算字段窗口

图 3-4-2　创建"利润率"计算字段

这时，在"度量"列表框中多了一个"利润率[①]"字段，现在，就可以像使用其他字段一样来使用"利润率"字段了。如图 3-4-3 所示，将"产品类别""利润率"字段拖曳至所示位置，即可看到每一种产品类别的利润率。从图 3-4-3 中很容易发现"家具产品"的利润率相对于其他产品类别低了很多。可以单击"产品类别"左侧的"+"以向下钻取到每个产品子类别、每款具体产品的利润率。

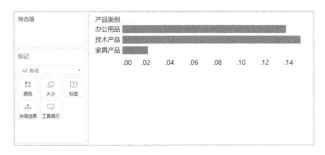

图 3-4-3　产品类别的利润率视图

2．COUNT 函数统计产品订单数

为了解各产品类别的订单数及每个订单的利润情况，需要进行产品订单

---

① 注：这里看到的"利润率"可能是用小数表示的，只需右击图中的"利润率"字段，在弹出的快捷菜单中选择"设置格式"选项，把数字格式改成百分比即可。

数统计。为此，首先将 Tableau 连接到数据源，右击"订单号"字段，在弹出的快捷菜单中执行"创建"—"计算字段"命令，弹出如图 3-4-4 所示对话框，在"名称"处输入"订单数"，鼠标指针移至公式编辑框中，在函数下拉列表中选择"聚合"选项，在弹出的列表框中双击"COUNT"选项，在公式编辑框中将公式调整为：COUNT（[订单号]），单击"确定"按钮。

可以看到，在"度量"列表框中多了一个"订单数"字段，将"订单数""产品类别"字段分别拖曳至"列"功能区、"行"功能区，再单击"产品类别"字段左侧的"+"以向下钻取到"产品子类别"字段，将"利润额"字段拖曳至"颜色"框，结果如图 3-4-5 所示。

从图 3-4-5 中可以发现"家具产品"下的"桌子"共有 364 个订单，但利润额却为-100,006 元，应引起注意。

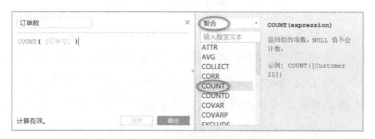

图 3-4-4　创建"订单数"计算字段

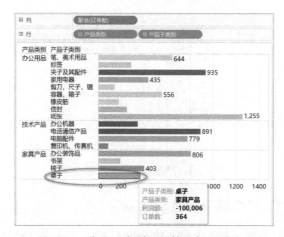

图 3-4-5　产品子类别订单数的条形图展示

在"聚合"选项中，还有 AVG、MAX、MIN、STDEV 等函数，在需要时，可以在公式编辑过程中随时调用这些函数。

3. 日期函数——分析发货的速度

从顾客下单当天到产品发货出仓，中间有一个反应时间。了解这个反应时间非常重要，这不仅会影响顾客的满意度，还会影响公司的产品流转周期。

现在，使用日期函数构造一个新的字段观察每个订单从下单到配送需要多少时间，称该字段为"订单反应时间"，步骤如下。

将 Tableau 连接到数据源，右击"订单日期"选项，在弹出的快捷菜单中执行"创建"—"计算字段"命令，弹出如图 3-4-6 所示对话框，在函数下拉列表中选择"日期"选项，在弹出的函数列表框中双击"DATEDIFF"选项，右侧会显示该函数的使用说明，然后在公式编辑框中调整公式为 DATEDIFF（"day"，[订单日期]，[运送日期]），单击"确定"按钮。

图 3-4-6　创建"订单反应时间"计算字段

现在，就可以分析每个订单从下单到配送需要多少时间了。将"订单日期""顾客姓名"字段分别拖曳至"列"功能区和"行"功能区，然后双击"订单反应时间"字段，如图 3-4-7 所示，图中显示了每位顾客的订单反应时间。可以看到订单反应时间前面是 SUM 函数，在 Tableau 中自动汇总了所有订单反应时间，我们可以把它改成以最大值方式计算，重点观察最长的时间。右击"文本"框中的"订单反应时间"字段，在弹出的快捷菜单中执行"度量（总和）"—"最大值"命令。这里用甘特图表示会更合适，单击"智能推荐"选项卡，选择最下面一行左侧的"甘特图"，将"订单日期"字段钻取为"年/月/日"的格式，结果如图 3-4-8 所示。再把"产品类别"字段拖曳至"颜色"框，以观察每位顾客购买的产品属于哪个产品类别。再单击工具栏中的"🌿"图标对订单反应时间进行降序排列。最后结果如图 3-4-9 所示，这样就可以非常直观地看出商家对每位顾客在各类产品上的订单反应时间。

图 3-4-7　每位顾客的订单反应时间

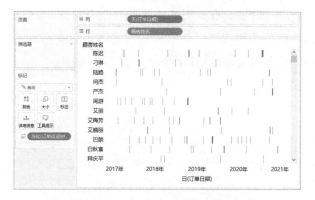

图 3-4-8　订单反应时间的甘特图

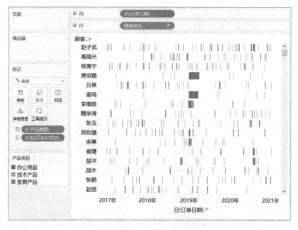

图 3-4-9　每位顾客在各类产品上的订单反应时间

在"日期"选项中，还有 DATEADD、DATENAME、DATEPART、DAY
等函数，这里不一一介绍了，在使用函数的时候，如果不知道某个函数的功能，
只需单击它，然后参阅右侧该函数的使用说明和示例即可。

4．逻辑函数——计算较正利润率

在前面，我们构造过一个利润率字段以观察各产品类别的盈利能力（见图 3-4-3），从中发现家具产品的利润率较办公用品、技术产品的利润率低了很多。我们了解到家具产品的运输费是公司出的，其利润率不包含运输费，而办公用品、技术产品是不用公司运输的。因此，在计算家具产品的利润率时，应把其中的运输费包含进来，这样对比三者的利润率或许更有意义。

为此，可以对前面构造过的"利润率"字段做一个修正，在计算家具产品的利润率时，将利润额加上运输费再除以销售额，步骤如下。

首先，选择"利润额"字段，右击，在弹出的快捷菜单中执行"创建"—"计算字段"命令，弹出公式编辑框。现在要使用一个逻辑函数来判断，当产品类别为家具产品时，其利润率等于利润额加上运输费再除以销售额，用 IF 函数表达就是 Sum（IF [产品类别]="家具产品" THEN [利润额]+[运输成本] ELSE [利润额] END）/sum（[销售额]），将名称改为"校正利润率"，如图 3-4-10 所示，单击"确定"按钮。

图 3-4-10　创建"校正利润率"计算字段

选择 IF 函数时，只需在函数下拉列表中选择"逻辑"选项，在弹出的函数列表框中双击"IF"选项，或者直接在公式编辑框手动输入即可，不分大小写。在图 3-4-10 中，可以看到在公式下方还有一行文字，这行文字是对该公式的一个注释，以便他人理解。若要在公式编辑框里添加文字注释，则需要在文字前输入两条斜线，即"//"。

现在，利用校正后的利润率，重新看一下各产品类别的盈利能力，并与之前利润率进行对比，如图 3-4-11 所示，可以看到校正后家具产品的利润率是有些提升的，但提升不大。

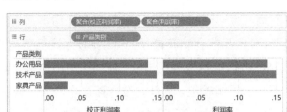

图 3-4-11　各产品类别校正后盈利能力与之前利润率对比

同样，在逻辑函数集中还有 CASE、IFNULL、IIF、ISDATE 等函数，这里不一一介绍了。在需要使用函数的时候，若不知某个函数的功能，只需单击该函数，然后参阅右侧对话框中该函数的使用说明即可。

5．在函数中嵌入参数

前面已经介绍了几种函数功能，并利用它们构造了新的字段来分析和展现数据。在 Tableau 中有很多种函数，对于不同的函数，操作几乎都是一样的，只是功能不同，为此，这里不再详细举例每一个函数。

将 3.3 节中设置好的销售额增长率参数插入函数中构造新的字段。通过该新字段，可以快速地看出当销售额增长一定百分比时，销售额会发生什么样的变化，并且该百分比可以随时改动。操作步骤如下。

右击"销售额"字段，在弹出的快捷菜单中执行"创建"—"计算字段"命令，弹出公式编辑对话框，将该字段命名为"变化后销售额"，在公式编辑框中输入：sum（[销售额]）*（1+[销售额增长率]/100），如图 3-4-12 所示，单击"确定"按钮，而后会发现在"度量"列表框中多了一个"变化后销售额"字段。

图 3-4-12　创建"变化后销售额"计算字段

将"订单日期""变化后销售额""销售额"字段拖曳至如图 3-4-13 所示位置，并将参数"销售额增长率"的控制器显示出来，只需右击"销售额增长率"，在弹出的快捷菜单中选择"显示参数控件"选项即可。图 3-4-13 中上面的线代表变化后销售额，下面的线代表销售额。当滑动右边的"销售额增长率"滚动条到不同的百分比时，可以很清楚地看到两条线之间的对比情况。另外，可以对不同颜色线条所代表的销售额做个性化设定，只需双击图形右上方的图例内的任一位置，即可实现对颜色的更改。

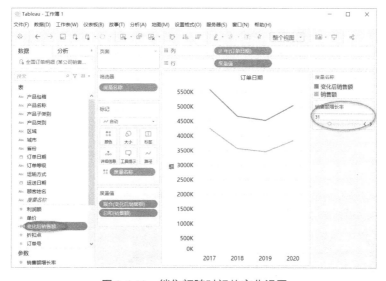

图 3-4-13　销售额随时间的变化视图

恰当利用参数，可以做出更具交互感的数据图表。关于对参数的利用，在本书后面章节中还会再遇到。

3.4.2　快速表计算简介

扫码看视频

在 3.4.1 小节中，介绍了如何使用不同的功能函数构造新字段，从而在所分析的数据中发现更多信息。然而，有时并不需要每一个指标值都用函数构造，因为这样非常麻烦。并且，对于已经用函数构造好的新字段，不仅可以看到它的求和值，还能看到它的平均值、最大值、最小值、占总体百分比等。

本节主要介绍如何使用 Tableau 的快速表计算迅速计算出某个字段的各种统计值。

　　首先将 Tableau 连接到数据源，分别双击"订单日期""销售额"字段，然后单击"智能推荐"选项卡，可以看到 Tableau 自动推荐了一种图形，如图 3-4-14 所示，圆圈圈住的图形即 Tableau 推荐的图形。被 Tableau 推荐的图形其边框颜色会突显为红色。单击图形，即可得到如图 3-4-15 所示智能图形。

图 3-4-14　智能推荐

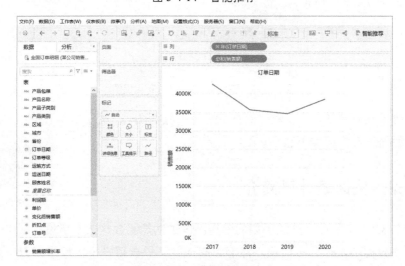

图 3-4-15　智能图形显示

　　图 3-4-15 中只展示了销售额随时间变化的序列图。但如果想看到每年累积销售额或年增长率，那该怎么办呢？在公式编辑框中用各种函数构造一个

新字段吗？这将大大增加工作量。在 Tableau 中，只需右击"行"功能区上的"销售额"字段，弹出快捷菜单，而后将鼠标指针移至"快速表计算"选项（或单击"添加表计算"选项），弹出下拉列表，其中有很多种计算方式可供选择，如图 3-4-16 所示。如果想观察年累积销售额，则选择"汇总"选项，如图 3-4-17 所示，这时如果仔细看的话，可以发现"行"功能区上的"销售额"字段右侧有一个"△"符号，即表示原有计算方式被改变了；如果想观察年销售额的增长率情况，则选择"年度同比增长"选项，结果如图 3-4-18 所示，一眼就可看出 2018 年、2019 年的年销售额增长率都是负的。另外，我们注意到在图 3-4-18 中右下角显示有一个空缺值，这是因为 2017 年的年销售额增长率没有对比值。

图 3-4-16　快速表计算

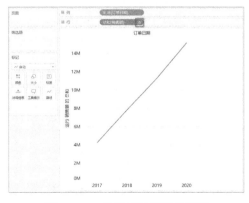

图 3-4-17　快速表计算后的视图

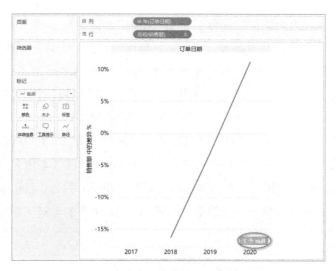

图 3-4-18　年销售额增长率情况

在图 3-4-18 中，观察的是年销售额增长率情况，如果想看各年相对于 2017 年的年销售额增长率情况该怎么办呢？同样，只需右击"行"功能区上的"销售额"字段，在弹出的快捷菜单中选择"编辑表计算"选项，弹出如图 3-4-19 所示对话框，将对比值选为"第一个"即可。在该对话框中，可以编辑各种想要的计算值。如果想清除之前选择的计算方式，右击"行"功能区上的"销售额"字段，在弹出的快捷菜单中选择"清除表计算"选项，回到最初的标准计算公式。

图 3-4-19　编辑表计算

另外，我们注意到在右击"行"功能区上的"销售额"字段后，弹出的快捷菜单中还有一个"度量"选项，在"度量"选项下还有很多种计算方式可供选择，如图 3-4-20 所示，如平均值、计数、最大（小）值等，如果我们想观察年销售额的平均值、计数、最大（小）值等，只需在此单击相应的选项即可。

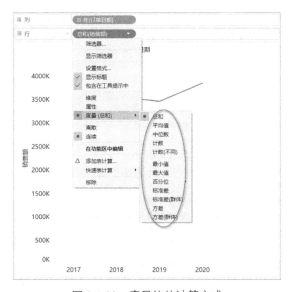

图 3-4-20　度量值的计算方式

Tableau 中的快速表计算是非常实用的。当想观察某个字段的某种值时，可以先右击它，然后在快速表计算中看能否找到相应的计算方式，掌握表计算函数可以大大提高工作效率。在做一般描述性统计分析时，尝试各种表计算选择，多数情况下就可以获得想要的数据视图。

3.5 基本可视化图表

扫码看视频

前面几节中，介绍了如何排序、分组、创建分层结构、设置参数、利用各种函数构造新字段。在介绍了这些基本数据操作后，就要介绍如何用 Tableau 简单、快速地做出具有针对性、交互性、美观性的图表了，并将这些图表合并到一个或几个仪表板中，再发布到服务器上。

数据的可视化展现能让用户迅速发掘出隐藏在数据中的信息。而针对不同的数据用什么样的图表展示才更合适呢？下面，我们就来介绍如何用 Tableau，通过简单的双击、拖放的动作利用数据创建出美观又直观的交互图。

3.5.1　条形图：产品类别销售额和利润额比较

条形图是一种常用的统计图表。通过条形图可以快速地对比各指标值的高低，尤其是当数据分为几个类别时，使用条形图会很有效，很容易发现各项数据间的差异情况。

为了分析某公司各产品类别的销售额与利润额情况，我们用条形图来展现其数据，然后做一个排序，最后将"区域"字段添加到条形图中，步骤如下。

首先将 Tableau 连接到数据源，将"产品类别""销售额"字段分别拖曳至"行"功能区和"列"功能区，单击工具栏中的降序图标，结果如图 3-5-1 所示。

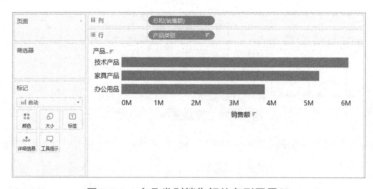

图 3-5-1　产品类别销售额的条形图展示

接着，将"区域"字段拖曳至"行"功能区并置于"产品类别"字段右边，这里也可以将"区域"字段直接拖曳至图 3-5-1 中纵轴产品的右侧，不过要注意的是不能覆盖"产品类别"字段。单击降序图标，以对各区域销售额做一个排序。将视图改为"全屏视图"，结果如图 3-5-2 所示。

最后，将"利润额"字段直接拖曳至视图区，Tableau 自动将"利润额"字段放到了"颜色"框中，单击"标记"卡下方的"颜色"框，编辑颜色并勾选"使用完整颜色范围"复选框。当然我们也可以把"产品类别""区域"字段用筛选器显示出来，然后将工作表命名为"条形图"，最后结果如图 3-5-3 所示。可以发现，西南、西北区域销售的家具产品在销售额和利润额上都不乐观，需要进一步分析是什么原因导致的。

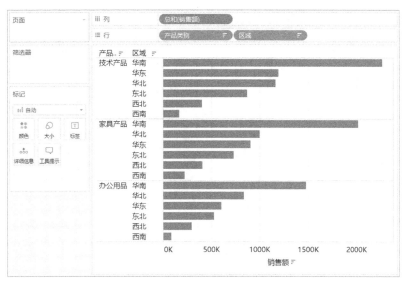

图 3-5-2　产品类别销售额的区域展示

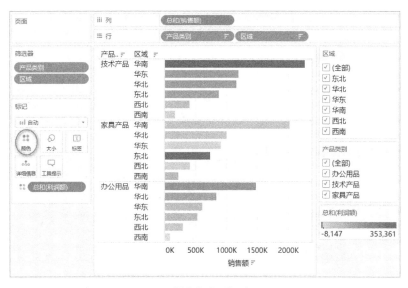

图 3-5-3　销售额与利润额的展示

当然，图 3-5-3 并不意味着条形图一定是水平放置的，若想让条形图变成竖直的，只需单击工具栏上的转置图标"⇄"，则图 3-5-3 立即变为如图 3-5-4 所示图形。

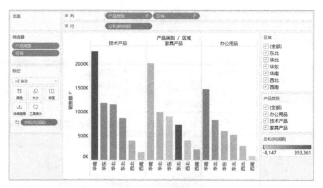

图 3-5-4　行列转置

　　另外，条形图还有堆叠条形图和并排条形图两种形式。这两种形式的条形图可以在"智能推荐"选项卡中看到。我们可以直接单击这两种形式的条形图，将图 3-5-3 转换成这两种形式。例如，单击"堆叠条"，图 3-5-3 变为如图 3-5-5 所示图形，单击"并排条"，图 3-5-3 变为如图 3-5-6 所示图形。

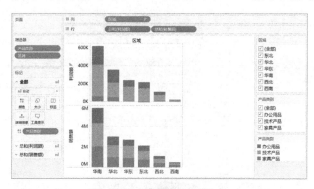

图 3-5-5　堆叠条形图形式

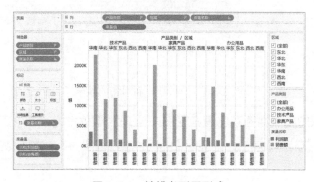

图 3-5-6　并排条形图形式

3.5.2 线形图：产品类别销售趋势观察

线形图也是一种常用的统计图表，其可以将独立的数据点连接起来。通过线形图可以在大量连续的点之中发现数据变化的趋势。

线形图常用来展示数据随时间的变化趋势。

现在分析某公司近四年来的销售额变化趋势，各产品类别各年的销售趋势又是什么样的，步骤如下。

- 将 Tableau 连接到数据源，按住"Ctrl"键的同时选中"订单日期""销售额"字段，单击"智能推荐"选项卡，选择 Tableau 推荐的线形图（图形边框为蓝色）。
- 选择"列"功能区上的"订单日期"字段，右击，在弹出的快捷菜单中选择连续的"月（2015 年 5 月）"。
- 将"产品类别"字段拖曳至"行"功能区，并置于"销售额"字段左侧。
- 将"利润额"字段直接拖曳至视图区，然后调整颜色并勾选"使用完整颜色范围"复选框，单击"确定"按钮。

最后，将工作表命名为"线形图"，右击"产品类别"字段，在弹出的快捷菜单中选择"显示筛选器"选项，结果如图 3-5-7 所示。由图 3-5-7 可以看到，家具产品的利润额不是很好，有好几个月都是负的，技术产品的销售额波动比较大。

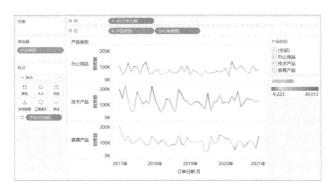

图 3-5-7 销售额与利润额随时间的变化情况

在图 3-5-7 中有三条线，或许用面积图来对比三种产品类别的销售额与利润额情况会更直观一些。面积图是线形图的一种表现形式，当视图区中有两条或两条以上线条时，就可以考虑用面积图来表示了。在"智能推荐"选项卡中选择"面积图"，可以看到 Tableau 提供的两种基本的面积图，一种是连续的，另一种是离散的。单击其中的连续面积图，则图 3-5-7 变为如图 3-5-8 所示图形。

从图 3-5-8 中可以看到，在利润额上家具产品是最少的且好多月份都是负的。技术产品不管是在销售额还是利润额上都是较高的。在上一步骤中，如果单击离散的面积图并将视图调整为"全屏视图"，则图 3-5-7 变为如图 3-5-9 所示图形。不同的地方是，图 3-5-9 中"列"功能区中"订单日期"字段左侧多了个"季度"字段，因为选择的是离散面积图，所以 Tableau 就自动把"季度"字段钻取出来了。

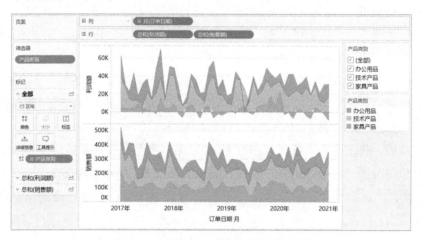

图 3-5-8　销售额与利润额随时间的变化情况

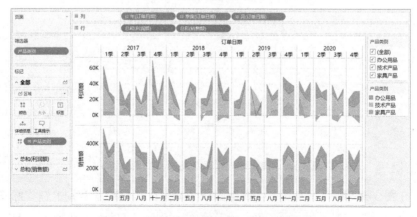

图 3-5-9　销售额与利润额随季度的变化情况

3.5.3 饼图：产品类别销售额结构

饼图也是一种常用的统计图表，一般用来展示相对比例或百分比情况。使用饼图时需要注意的是，分类最多不要超过六类，如果超过六类，整体看起来会非常拥挤，这时就需要考虑别的图形了，如条形图。

在某公司的销售数据中，如果想大致观察每种产品类别销售额占总体的百分比情况，可以选择饼图。

饼图绘制步骤如下。

- 将标记类型设为"饼图"，如图 3-5-10 所示，"标记"卡下多了一个"角度"框。
- 将"产品类别"字段拖曳至"颜色"框。
- 将"销售额"字段拖曳至"角度"框。
- 单击工具栏中的"显示标记标签"图标以显示数据标签。
- 将视图调整为"整个视图"。

然后将工作表命名为"饼图"，最后结果如图 3-5-11 所示。

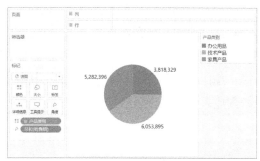

图 3-5-10　饼图的角度标记卡　　　　图 3-5-11　产品类别销售额的饼图视图

从图 3-5-11 中可以看到，技术产品占整体销售额比例是最大的，办公用品最小。当然，如果要将各产品类别占整体销售额的比值都显示出来，则需要使用函数构造相关字段，在此不做深究。另外，代表各种产品类别的颜色是可以更换的，只需双击颜色图例上的某种颜色，就可为每种产品类别指定特定的颜色。

3.5.4 复合图：对比销售额和利润额

前文分别介绍了条形图、线形图、饼图，有时单独用一种图表并不能满足需求。这里复合图的意思就是在一张视图里用几种不同的图表展示数据。

比如，在分析某公司近几年各个区域的销售情况时，对于销售额用线条表示，而对于利润额用条形图表示，这时我们可以做如下操作。

- 将 Tableau 连接到数据源，将"订单日期"字段拖曳至"列"功能区，并将"日期格式"设置为连续的"月"。
- 将"销售额"字段拖曳至"行"功能区。
- 将"利润额"字段拖曳至"行"功能区，并置于"销售额"字段右侧，右击"利润额"字段，在弹出的快捷菜单中选择"双轴"选项，或者也可以直接将"利润额"字段拖曳至视图最右侧。
- 右击"利润额"字段，弹出快捷菜单，将鼠标指针移至"标记类型"选项，在显示的子菜单中选择"条形图"选项。
- 右击"利润额"字段，在弹出的快捷菜单中选择"将标记移至底层"选项，并将条形图的宽度调至适当大小，视图调整为"全屏视图"。
- 将"区域"字段拖曳至"行"功能区，并置于"销售额"字段左侧。

将工作表命名为"复合图"，最后结果如图 3-5-12 所示。可以发现，相对来说，西北、西南两个区域的销售额和利润额几年来都处于低位，需要进一步分析到底是什么原因导致的。

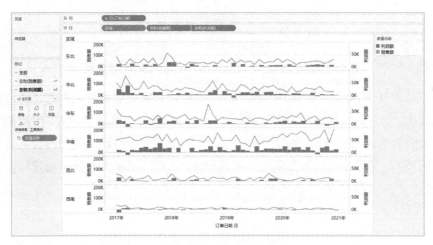

图 3-5-12　复合图

对于在一个视图中，同时使用两种或两种以上的图表来展示数据的情形，这里我们不再做过多介绍，原理都是一样的，有兴趣的读者可以尝试用其他两种或几种图表做展示。

3.5.5 嵌套条形图：比较各产品类别不同年度销售额

当评价某一个维度需要用另外一个维度时，或者要用两个度量来衡量一个维度，并且两个度量使用相同的刻度，同时又不希望用堆叠条形图时，那嵌套条形图就是一个非常好的选择。

比如，要观察 2017 年、2018 年各产品子类别的销售额情况，但不想用堆叠条形图时，可以按下面的步骤进行操作。

- 将 Tableau 连接到数据源，利用公式编辑器构造两个新的字段，分别为：
[2017 年销售额]：IF YEAR（[订单日期]）=2017 THEN [销售额] END；
[2018 年销售额]：IF YEAR（[订单日期]）=2018 THEN [销售额] END。

- 将"2017 年销售额"字段拖曳至"行"功能区，"产品子类别"字段拖曳至"列"功能区上。

- 将"2018 年销售额"字段拖曳至"2017 年销售额"字段所在的纵轴上，这时会出现"度量名称"字段和"度量值"字段。

- 将"列"功能区上的"度量名称"字段拖曳至"颜色"框，如图 3-5-13 所示，这时图形变成了堆叠条形图，但这并不是我们想看到的图形。

- 为了不让条形图堆叠，需要把代表 2017 年和 2018 年的两个条形大小区分开。按住"Ctrl"键，同时选择"度量名称"字段，将其拖曳至"大小"框，这时堆叠条形图变为如图 3-5-14 所示嵌套条形图 1。

- 在菜单栏中单击"分析"菜单，弹出下拉菜单，将"堆叠标记"设置为"关"。

最后，结果如图 3-5-15 所示。将工作表命名为"嵌套条形图 2"，保存工作簿。从图 3-5-15 中，可以发现 2017 年各产品子类别的销售额基本都要比 2018 年好。

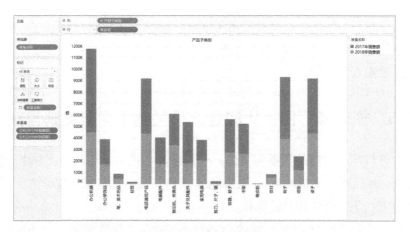

图 3-5-13　堆叠条形图

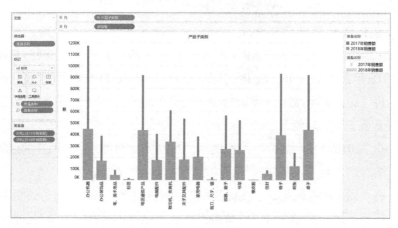

图 3-5-14　嵌套条形图 1

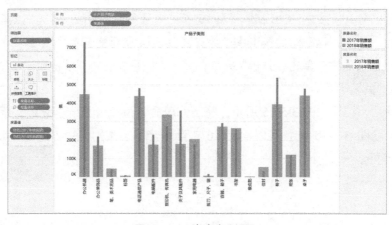

图 3-5-15　嵌套条形图 2

3.5.6　动态图：按时间动态观察销售变化

动态图就是让图形像动画一样播放，让数据有生命。当分析很多数据点之间的相关性时，使用动态图观察一系列视图的连续变化会比紧紧盯着一整幅视图去分析更有效。当把一个视图分解成"一页一页"时，可以让我们的大脑在一段时间内连续吸收一小段一小段的信息，这样，提高了我们识别模式与趋势的能力，也更易看清数据点之间的关联。

学习这部分的主要目的是让大家学习如何使用"页面"框创建动态图。

比如，想动态地观察某公司在这几年内销售额和利润额的变化情况，并对比销售额和利润额的变化趋势。

首先，将 Tableau 连接到数据源，然后步骤如下。

- 将"订单日期"字段拖曳至"列"功能区，并将"日期格式"设置为连续的"月（2015 年 5 月）"；
- 将"销售额"字段拖曳至"行"功能区；
- 将"利润额"字段拖曳至"行"功能区，并置于"销售额"字段右侧。

Tableau 中要使用动态播放功能，需要将视图中基于某个变化的字段拖曳至"页面"框。当我们将一个维度拖曳至"页面"框时，相当于为这个维度里的每个成员新增添了一行；将一个度量拖曳至"页面"框，则这个度量变为一个离散型的度量。

- 按住"Ctrl"键，同时将"列"功能区上的"月（订单日期）"字段拖曳至"页面"框。

这时视图右侧就多出一个播放菜单，原来视图区的曲线图也只在初始日期处显示一个点，如图 3-5-16 所示。

对于 Tableau 中"页面"框的播放操作，有如下三种方式。

① 直接跳到某一特定的"页"，这里相当于直接跳到某个日期。如图 3-5-17 所示，单击下拉菜单按钮，选择某个日期，则视图中立即显示该日期的视图。

② 手动调整播放进度。在图 3-5-17 中，可以看到下拉菜单按钮两侧分别有两个按钮："后退"按钮和"前进"按钮，单击"后退"按钮或"前进"按钮，相当于向后或向前翻一页；还可以用日期下方的滚动条，手动将视图滑至某一页。

③ 自动翻页。在图 3-5-16 中可以看到 "◀ ■ ▶ ▬ ▬ ▬"，左边两侧有两个翻页按钮，分别为向前翻页和向后翻页，单击其中某个即可实现自动向前或向后翻页，左边中间的是暂停按钮。右边是用来调节翻页速度的。

在播放按钮下方，可以看到 "显示历史记录" 复选框及下拉列表。勾选 "显示历史记录" 复选框，在翻页时会显示 "历史" 踪迹；单击其下拉按钮，出现如图 3-5-18 所示列表框，这里可以对如何展示 "历史" 踪迹进行设置，这里对该列表框不进行详细介绍，大家一看就可以理解。

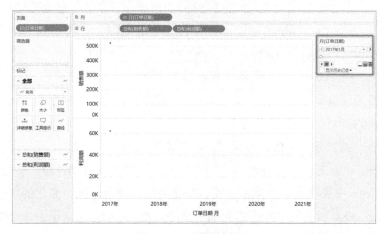

图 3-5-16　页面功能区

图 3-5-17　选择时间

图 3-5-18　"显示历史记录" 的设置

- 将标记类型设为 "圆"，这样可以更好地显示 "历史" 变化踪迹。
- 单击 "显示历史记录" 下拉按钮，在列表框中，将 "标记以显示以下内容的历史记录"下拉列表设为"全部";"长度"下拉列表设为"全部";"显示"下拉列表设为"轨迹"。将工作表命名为"动态图",保存工作簿。

- 单击"向前播放"按钮,观察销售额和利润额的动态变化趋势。

播放过程中,截图如图 3-5-19 所示,由播放过程可以看到利润额和销售额的变化趋势几乎是一样的。

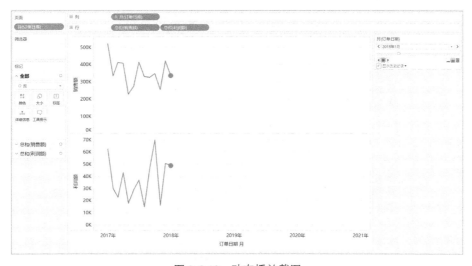

图 3-5-19　动态播放截图

动态图的制作和播放操作就介绍完了,这里只是简单地观察了销售额和利润额随时间的动态变化。大家可以根据自己的数据和业务性质,做出更具针对性的动态图,发现数据中隐藏的信息。

3.5.7　热图:通过颜色观察销售状况

当需要区分和对比两组或多组分类数据时,使用热图就是非常好的一种方法。热图可以迅速地将纷繁的数据交叉表转变为生动、直观的可视化图表。通常,若靠浏览各行各列的数据来发现表中某些信息如最大、最小值,将会非常吃力,因为这要求我们记住并比较所有浏览过的数据。而使用热图,将数据用颜色或某种形状的大小表示,就极大地简化了上述的浏览过程。

以某公司销售数据为例,分析该公司三大产品类别中哪种产品类别在全国哪个省的销售额或利润额是最大的。若想要从一般的数据交叉表(见图 3-5-20)

中快速找出来，几乎是不可能的，因为人的大脑只能同时集中在一小部分数据上。即使用条形图展示，要迅速找出目标也是相对费劲的。

省份	办公用品		产品类别 技术产品		家具产品	
	利润额	销售额	利润额	销售额	利润额	销售额
安徽	19,127	114,610	24,741	240,291	903	156,808
北京	42,559	181,312	27,856	256,406	17,595	193,882
福建	8,500	64,670	9,442	50,092	1,670	40,621
甘肃	21,932	128,469	32,945	200,319	5,248	196,637
广东	71,490	593,736	174,056	1,106,759	25,477	761,842
广西	54,589	391,379	84,438	510,676	16,302	501,376
贵州	2,390	25,916	-4,809	32,776	-13,989	73,764
海南	42,009	205,065	46,642	241,688	-3,381	277,978
河北	22,813	117,348	16,636	99,763	-259	106,128
河南	20,205	163,244	16,935	197,699	17,609	234,289
黑龙江	18,202	141,515	17,055	162,101	-5,825	185,899
湖北	12,456	69,585	26,304	137,895	284	173,441
湖南	6,967	53,423	4,987	70,145	-299	67,485
吉林	8,297	96,033	37,620	245,917	-5,878	176,326
江西	3,575	37,439	-3,554	63,024	2,182	42,788
辽宁	40,855	287,520	95,855	462,686	3,556	367,954
内蒙古	34,668	212,015	65,867	419,612	3,426	269,610
宁夏	-123	53,526	5,561	40,985	6,137	78,175
青海	-32	2,059	8,310	20,008	149	5,177
山东	-681	38,299	20,638	150,679	8,775	127,262
山西	16,894	169,650	36,794	251,304	24,664	284,810
陕西	13,019	84,856	5,936	68,119	-1,523	89,901
上海	-633	38,545	17,298	62,983	-670	49,331
四川	441	16,261	4,403	56,774	1,057	52,850
天津	23,580	154,677	15,983	132,712	3,861	144,592
西藏	275	8,868	4,177	18,708	1,468	12,369
新疆	-474	24,690	12,337	72,606	166	37,514

图 3-5-20　数据交叉表

然而，若使用热图来展示上面的数据交叉表，就可以迅速发现哪种产品类别在全国哪个省的销售额或利润额是最大的了。在 Tableau 中，将数据交叉表转化为热图的操作如下。

- 分别双击"产品类别""省份"和"利润额"字段。
- 单击"智能推荐"选项卡，选择"热图"，这时"利润额"字段从"文本"框转到"大小"框。
- 再将"销售额"字段拖曳至"颜色"框，将"颜色图例"设置为"橙色—蓝色发散"。
- 单击工具栏中的转置按钮" "，并将视图从"标准"调为"适合高度"。结果如图 3-5-21 所示，将工作表命名为"热图"，保存工作簿。

图 3-5-21　热图

从图 3-5-21 中，可立即发现销售额和利润额最大的是销售在广东的技术产品。这就是热图的作用，让人们得以迅速地从拥挤的数据交叉表中发现信息。这里，还可以对销售额做一个排序，可以更容易辨别哪种产品类别在全国哪个省的销售额是最高的。另外，还可以向下钻取产品类别到产品子类别甚至产品名称，以详细观察每款产品在每个省的销售额和利润额情况。

总之，当需要对比多组数据在一个或两个度量上的值时，使用热图无疑是很好的选择。在上面的热图案例中除了使用不同的颜色外，还用四方形的大小来区分利润额的大小。在热图中，还可以尝试使用除四方形以外的图标，这样或许会让你的数据更生动有力。

3.5.8　突显表：通过颜色和数值同时观察地区销售模式

这里要给大家介绍的突显表其实是热图的延伸。突显表除了用颜色来区分数据外，还在每个颜色上面添加了数值以提供更详细的信息。

以热图案例为例，来看一下如果使用突显表来展示三种产品类别在各个省的销售额会是怎样的，步骤如下。

- 分别双击"产品类别""省份"和"销售额"字段。
- 单击"智能推荐"选项卡，选择"突出显示表"。

突出显示表如图 3-5-22 所示，将图形转置一下，并将"颜色图例"设置为

"橙色—蓝色发散"，将工作表命名为"突显表"，保存工作簿，结果如图 3-5-23 所示。从图 3-5-23 中，很容易发现，在广东销售的技术产品销售额是最高的，为 1,106,759 元。

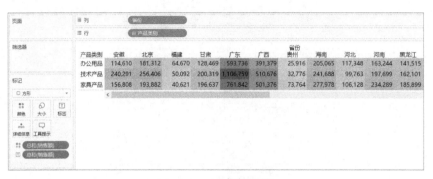

图 3-5-22　突出显示表

图 3-5-23　突出显示表视图

突出显示表（简称突显表）是在热图的基础上，添加了原始数据的值，这样使得信息更详细。通过突显表，不仅可以迅速发现多组数据在某个维度上的关键点，而且可以立即知道该关键点的值。这里，可以将"利润额"字段拖曳至"标签"框处覆盖"销售额"字段，使得热图中显示的标签值为利润值，但这没有多大的意义。因为突显表需要图中的每个颜色框大小都是相等的，所以不宜再将某个度量拖曳至"大小"框。因此，选择用热图还是突显表，应视具体情况而定。

3.5.9　散点图：观察销售额和运输费用对应情况

散点图通常是用在需要分析不同字段间是否存在某种关系的时候，例如，分析各类产品的销售额和运输费用情况。通过散点图，可以有效地发现数据的某种趋势、集中度及其中的异常值，根据这些发现，可以帮助我们确定下一步应重点分析哪方面的数据。

现在，分析各类产品的销售额与运输费用之间是否存在某种关系。在这里要用到两个不同的数据源，步骤如下。

- 首先将 Tableau 连接到某公司的销售数据源，分别双击"顾客姓名"字段和"销售额"字段。

这时看到的是每位顾客的购买金额。为了分析销售额与运输费用之间的关系，需要用到另外一张物流订单的数据。

- 将 Tableau 连接到数据源"物流订单数据"。

将数据源切换到"物流订单数据"，只需在"数据"列表框内选择"物流订单数据"选项即可实现数据的切换。仔细看一下，会发现"物流订单数据"选项中"顾客姓名"字段右侧有个" ⇔ "图标，表明 Tableau 已通过"顾客姓名"这个相同的字段将两个数据源融合了，因为第一个数据源中的"顾客姓名"字段已用到视图中了。这时，就可以在同一张视图中使用"物流订单数据"选项中的字段。

- 双击"运输费用"字段，并在"智能推荐"选项卡中选择"散点图"。

将工作表命名为"散点图"，保存工作簿，结果如图 3-5-24（a）所示，从图中很容易发现，销售额和运输费用之间有较明显的线性关系。另外，也可以看到有一些比较突出的点，如右上角和右下角的点。

为了验证销售额与运输费用之间是否有线性关系，可以添加一条趋势线，只需右击视图区，在弹出的快捷菜单中执行"趋势线"—"显示趋势线"命令，结果如图 3-5-24（b）所示。然后还可以在视图中右击，在弹出的快捷菜单中执行"趋势线"—"编辑所有趋势线"命令，在弹出的对话框中进行"趋势线选项"设置。

将鼠标指针移至图 3-5-24（b）中的趋势线时会显示其线性方程，可以看到其线性关系是显著的。选择视图中的"趋势线"，右击，在弹出的快捷菜单中选择"描述趋势线"选项或"描述趋势模型"选项可以看该线性方程的模型。

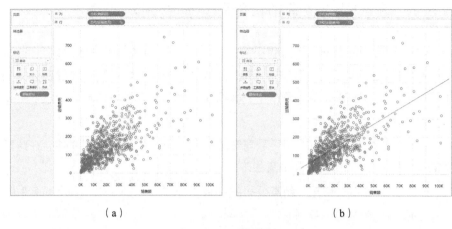

（a）　　　　　　　　　　　　　　　　　　（b）

图 3-5-24　趋势线

为了能够着重分析某些点，可以对这些点进行注释，只需选中某一点，右击，在弹出的快捷菜单中执行"添加注释"—"点"命令，弹出对话框，输入注释文字，结果如图 3-5-25 所示。还可以看到该顾客的详细订单，钻取到底层详细数据发现该顾客的订单多为技术产品和办公用品，只有一个订单是家具产品，而家具产品的运输费用是最高的。

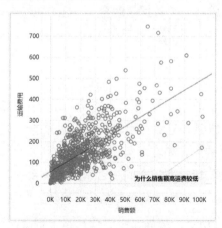

图 3-5-25　添加注释

我们还可以看到每种产品类别的销售额和运输费用之间的线性关系。只需切换到"某公司销售数据"数据源，将"产品类别"字段拖曳至"颜色"框，如图 3-5-26 所示，图中出现了三条趋势线。并不需要再为每种产品类别手动添加趋势线，因为之前添加过一条趋势线，所以 Tableau 会自动为另外两种产品类别添加趋势线。

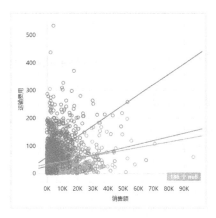

图 3-5-26 各产品类别的趋势线

另外，如果想为图中的点添加标签值，则只需单击工具栏中的"标签"图标，结果如图 3-5-27 所示。可以发现，Tableau 并不会立即为所有的点添加标签值，因为这样会导致标签文字重叠，从而影响视线。如果想为所有点添加标签值，只需单击"标记"选项卡下的"标签"框，在弹出的列表框中勾选"允许标签覆盖其他标签"复选框。

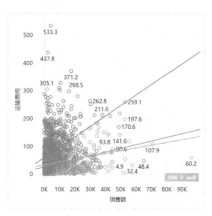

图 3-5-27 添加标签值

3.5.10 气泡图：多变量的直观对比

气泡图，本质上来说并不是一种图表类别。确切地说，气泡是一种图标，多用在散点图或地图中来突显数字。其实，在上文散点图中已经用到气泡了，因此，这里不再对气泡图单独举例介绍。

3.5.11　数据地图：观察不同城市销售情况

当数据中有"地理位置数据"时，不管这些数据是邮编、区号、城市名或公司内部的地理区域划分，用地图来展示业务数据无疑是一种很好的选择。从地图上，可以直观地分析每个地理位置数据指标所反映的情况。

为了分析某公司在全国各城市的销售额和利润额情况，可以采用地图形式来展示这些数据。用 Tabluau 完成销售额、利润额在全国各城市的数据地图展示，只需双击三次就确定了，具体步骤如下。

将 Tableau 连接到数据源，右击"省份"字段，在弹出的快捷菜单中执行"地理角色"—"州/省/市/自治区"命令，再次双击"省份"字段，可以看到在视图区自动生成了一张地图，这就是 Tableau 的"智能推荐"功能，因刚才双击的是地理字段，所以 Tableau 自动推荐用地图的形式来展示。接着，依次双击"销售额""利润额"字段，自动生成地图上的点，双击三次就完成了该张地图的制作，简单迅速。地图中圆圈越大，说明销售额越高，颜色越深表明利润额越高。(这里需要注意的是：①Tableau 可以识别中文地名，连接数据源后，先在"维度"列表框中右击"地理信息"字段，在弹出的快捷菜单中选择"地理角色"选项，并将其设置为对应等级；②对于省份名，若出现 Tableau 自动识别失败的情况，则单击菜单栏中的"地图"菜单，在弹出的下拉列表中选择"编辑位置"选项，在弹出的对话框中单击"无法识别"下拉按钮，在列表框中选择对应的地名即可。

当然，如果不想用地图展示刚才的数据，也可以单击"智能推荐"选项卡，有很多种图表可供选择，随意单击一种可选的图表。

如果不想用"圆圈"表示销售额，可以单击"标记"卡下方的" ⊙ 自动 ▾ "下拉按钮，在弹出的下拉列表中，选择所想要的形状。

若选择"地图"选项，则原图变为常见的填充地图。但需要注意的是，省级以下行政区域没有公开的多边形边界数据，所以 Tableau 默认公开地图无法生成填充地图。如果有专业软件提供的地图多边形数据，进行读入，则可以生成填充地图。

其他项目的调整，如颜色映射、图形的大小等，和其他图形操纵类似。

当然，Tableau 还可以使用自己定制的地图，或者使用网络地图服务（Web Map Services，WMS），也可以导入背景图，在地图上还可以用个性化的图标来代表某指标，本书后面章节中对此会做较为详细的介绍。

鉴于此小节作图的后期修饰步骤说明已很详细，在本章后面的图表制作过程中，对于已完成的图表的修饰将不再做详细论述，只描述简单的操作步骤。

3.6 新型可视化图表

扫码看视频

3.6.1 甘特图：甘特图观察订单送货时间

对任何一个公司或组织来说，把握项目的进度，知道什么时候该完成什么，并在截止日期前完成项目都是异常重要的。甘特图可以用来展示和分析某个项目的开始、截止日期。

虽然甘特图多用在对项目日期的管理上，但也可用在其他方面。比如，观察分析某个群体的人、研究公司的固定资产等随时间变化的变化等，都可用甘特图来分析。

为了分析在顾客下单后，公司经过多长时间才将订单货物发送出去，我们可以用甘特图来展示相关数据。不妨将从下单到发货的这段时间称为"订单反应时间"，通过甘特图，我们很容易发现哪个订单的反应时间最长、订单订购的是哪个产品类别。

首先，将 Tableau 连接到数据源。原数据中只有"订单日期"字段和"运送日期"字段，为了知道订单的反应时间，需构造一个新字段"订单反应时间"。字段的构造，在本章 3.4 节已讲过，这里只简单写出其公式：[订单反应时间]=DATEDIFF（"day"，[订单日期]，[运送日期]）。操作步骤如下。

- 按住"Ctrl"键，分别选中"订单日期""顾客姓名""订单反应时间"字段，单击"智能推荐"选项卡，选择"甘特图"。
- 将"列"功能区上的"订单日期"字段的格式设置为"精确日期"，结果如图 3-6-1 所示。

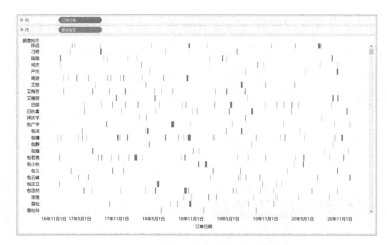

图 3-6-1　甘特图

这里，还需要在菜单栏中单击"分析"菜单，取消勾选"聚合度量"复选框，因为，某天某个顾客可能会有多个订单，如果勾选"聚合度量"复选框，Tableau 就会将该天该顾客的各个订单分开计算订单反应时间并求和。

- 将"产品类别"字段拖曳至"颜色"框，然后单击工具栏中的降序图标，结果如图 3-6-2 所示，将工作表命名为"甘特图"。

从图 3-6-2 中发现有两笔订单的反应时间特别长，其中一个超过了 90 天，这有点不正常。对于这两位顾客的订单，就应该做进一步分析了，到底是什么原因引起的呢？因为如此长的订单反应时间，如果不是顾客方面的原因，就很可能导致顾客的不满。

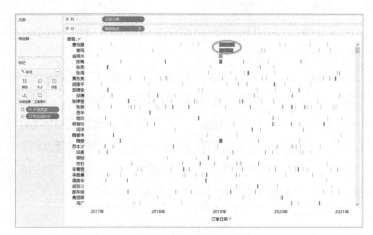

图 3-6-2　甘特图视图

3.6.2 标靶图：绘制实际销售和对应计划

标靶图，又称为子弹图，从本质上来说，它是条形图的一种变形。标靶图的主要目的是用来追踪任务的实际执行与预设目标的对比情况。

下面，将 Tableau 连接到数据源"某咖啡公司销售数据.xls—咖啡销售订单.sheet"，我们要分析的是各类咖啡及其他饮品的实际销售额是否达到了预定目标。即实际销售额和预计销售额之间的差异，步骤如下。

- 分别双击"产品类别""产品名称"和"销售额"字段，然后从"智能推荐"选项卡中选择"条形图"。
- 将"预计销售额"字段拖曳至"详细信息"框。

注意，这里不能直接从"智能推荐"选项卡中选择"标靶图"，因为一会儿要将"预计销售额"字段设置为参考线，这也是为什么将"预计销售额"字段拖曳至"详细信息"框而不是直接拖曳至视图的原因。后面会介绍从"智能推荐"选项卡中直接选择"标靶图"的案例。

- 右击"销售额"字段所在的横轴，在弹出的快捷菜单中选择"添加参考线"选项，在弹出的对话框中做如下设置，如图 3-6-3 所示。
  - 选择"线"按钮。
  - "范围"选区选择"每单元格"单选按钮。
  - "值"下拉列表选择"总和（预计销售额）"选项，"最大值"选项。
  - "标签"下拉列表选择"无"选项。
  - 在"格式设置"选区的"线"下拉列表中选择一条粗黑线。

图 3-6-3 添加参考线

79

上述步骤后，结果如图 3-6-4 所示，在图中，条形图若未与黑色线条相交，则说明实际销售额未达到预计销售额。从图 3-6-4 中很容易发现，一般咖啡的三种产品都未达到预定目标。

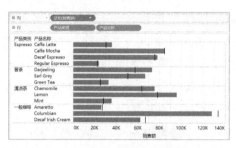

图 3-6-4　添加参考线后的视图

比较预计销售额与实际销售额的目的其实已经达到了，但还可以做如下操作，让图表更加美观。

- 再次右击"销售额"所在的横轴，在弹出的快捷菜单中选择"添加参考线"选项，在弹出的对话框中做如下设置，如图 3-6-5 所示。
  - 选择"分布"按钮。
  - "范围"选区选择"每单元格"单选按钮。
  - "值"下拉列表选择"60%,80%,100% /平均值预计销售额"选项。
  - "标签"下拉列表选择"无"选项。
  - 在"格式设置"选区的"线"下拉列表中选择"无"选项，勾选"向上填充"复选框和"向下填充"复选框，并将"填充"设为"停止指示灯"。

图 3-6-5　添加参考线

上述步骤后，美化后的视图如图 3-6-6 所示。

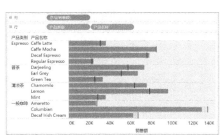

图 3-6-6 美化后的视图

另外，还可以构造一个判断字段，使得没有达到预计销售额的产品自动用
另一种颜色来显示，步骤如下。

- 右击"维度"或"度量"列表框中的空白处，在弹出的快捷菜单中选择
  "创建计算字段"选项，在公式编辑框中构造"[销售完成与否]=SUM
  （[销售额]）>SUM（[预计销售额])"。
- 将"销售完成与否"字段拖曳至"颜色"框。

单击"标记"卡中的"大小"框，滑动"大小"框下方滚动条将条形图宽
度调小一些，结果如图 3-6-7 所示。设置分布带后，对于没有达到预计销售额
的产品，可以看出其完成的预计额百分比。

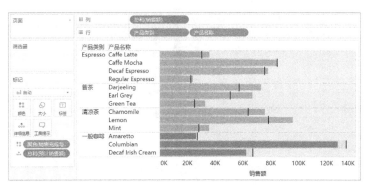

图 3-6-7 销售额完成百分比视图

3.6.3 盒须图：观察各类产品的销售额数值分布情况

盒须图（Box-plot）又称为盒形图或箱线图，是一种用来显示一组数据分
散情况的统计图，因其形状如箱子而得名。使用盒须图很容易观察到多组数据

的分布情况。

下面，用盒须图来分析各类产品的销售额数值是怎样分布的。通过盒须图，可以迅速发现每类产品有多少个订单是分布在哪一个销售额度内的。步骤如下。

- 将 Tableau 连接到数据源后，将"产品类别""销售额"字段分别拖曳至"列"功能区、"行"功能区上。
- 单击"分析"菜单，取消勾选"聚合度量"复选框。
- "标记"卡下拉列表选择"圆"选项。
- 滑动"大小"框下方的滚动条，将视图中"圆圈"调至适当大小，此时，结果如图 3-6-8 所示。
- 右击纵轴上的"销售额"字段，在弹出的快捷菜单中选择"添加参考线"选项，如图 3-6-9（a）所示。

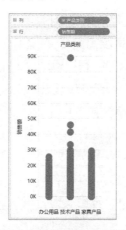

图 3-6-8　产品的销售额

- 选择"分布"按钮。
- "范围"选区选择"每单元格"单选按钮。
- "值"下拉列表选择"分位数"单选按钮，"图块数"设为 4。
- "标签"下拉列表选择"无"选项。
- 在"格式"选区处，选择一条黑色线，填充用"灰色"，单击"确定"按钮。

至此，我们用四分位数将每个产品类别的销售额分成了四个组。

- 右击纵轴上的"销售额"字段，在弹出的快捷菜单中选择"添加参考线"

选项，如图 3-6-9（b）所示。

- 选择"区间"按钮。
- "范围"选区选择"每单元格"单选按钮。
- "区间开始"与"区间结束"选区都选为默认设置。
- "标签"下拉列表选择"无"选项。
- "格式"选区处选择一条黑色线条，单击"确定"按钮。

（a） （b）

图 3-6-9 添加参考线设置

最后，盒须图结果如图 3-6-10 所示，将工作表命名为"盒须图"，保存工作簿。从图 3-6-10 中可见，技术产品中 75% 的订单金额都是小于 3030 元的。

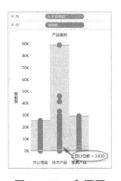

图 3-6-10 盒须图

3.6.4 瀑布图：不同产品类别净利润情况

瀑布图可以用来阐述多个数据元素的累积效果，可以描述一个初始值受到一系列正值或负值的影响后是怎么变化的。创建瀑布图时，需要将"标记"卡下拉列表选择"甘特图"选项，以表示某个维度变化的测量值，图中每个长方形条都是一个度量值，将度量放置在"行"功能区上，而在"列"功能区上放置某个维度，以反映维度值的一系列变化。

下面，为了观察某公司各个产品子类别的利润累计情况，可以用瀑布图来展示其数据。将 Tableau 连接到数据源后，步骤如下。

- 将"利润额""产品子类别"字段分别拖曳至"行"功能区和"列"功能区。
- 将"行"功能区上的"利润额"字段设置为"累计利润额"，只需右击，选择"快速表计算"选项，单击"汇总"。
- 在"标记"卡中，将图标类型改为"甘特条形图"。
- 构造一个新字段：[负利润额]=−[利润额]，此字段的目的是表示利润额的负值。
- 将"负利润额"字段拖曳至"大小"框。
- 将"利润额"字段拖曳至"颜色"框，同时将"颜色设置"勾选"使用完整颜色范围"复选框。
- 在菜单栏中，单击"分析"菜单，在"合计"选项下勾选"显示行总计"复选框。

最后，结果如图 3-6-11 所示，将工作表命名为"瀑布图"，保存工作簿。从图 3-6-11 中，可以清楚地看到各个产品子类别的利润累计情况。

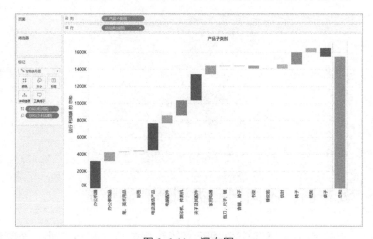

图 3-6-11　瀑布图

3.6.5 直方图：研究订单的利润分布情况

直方图，又称质量分布图、柱状图，是由一系列高度不等的纵向条纹或线段表示数据分布情况的统计图。用直方图可以直观地看出某个属性，如产品利润额的数据分布状况。

比如，可以用直方图观察某公司产品利润额的分布情况。步骤如下。

- 双击"利润额"字段。
- 在"智能推荐"选项卡中选择"直方图"。

结果如图 3-6-12 所示，这时在"维度"列表框中生成了一个"利润额（数据桶）"字段，这个是组距。从图 3-6-12 中可以看到只有两根比较明显的条形柱，在视图中可通过工具提示查看到组距是 772，组距一般是根据极差与组数的比值确定的。为了让图 3-6-12 中的直方图分布更均匀，需要改变组距的大小。

右击"维度"列表框内的"利润额（数据桶）"字段，单击"编辑"选项，弹出如图 3-6-13 所示对话框，对组距进行设定。根据产品利润额的性质，将组距定在 300 比较合适[①]，单击"确定"按钮，在图 3-6-13 中将横轴标签转置，结果如图 3-6-14 所示，将工作表命名为"直方图"，保存工作簿。

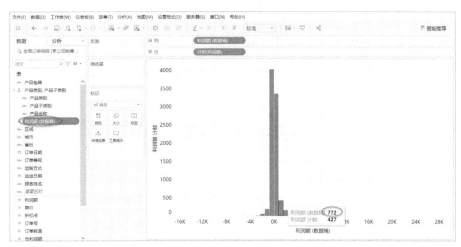

图 3-6-12　初步的直方图

---

① 注：这里不直接用极差除以组数。

图 3-6-13　编辑级

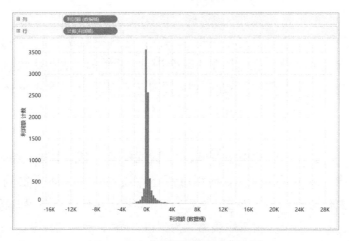

图 3-6-14　产品利润额分布直方图

从图 3-6-14 中，可以发现利润额主要分布在[−1500,1500]区间，其中，利润额在[−300,0]区间的订单数最多，这需要引起注意，其次是利润额在[0,300]区间的订单数。

3.6.6　帕累托图：研究客户消费等级结构

帕累托图（Pareto Chart）是以 19 世纪的一位意大利经济学家维弗雷多·帕累托的名字命名的，他提出了著名的帕累托法则，也称 80/20 法则，最初这一法则只限定于经济学领域，后来被推广到社会生活的各个领域。

使用帕累托图，可以分析总利润额的多少百分比来自多少比例的顾客，也可分析总销售额的多少百分比来自哪几种主要的产品。

下面创建一个帕累托图，分析是否是 80%的利润额来自 20%的大顾客，或者是其他情况，具体步骤如下。

- 将 Tableau 连接到数据源。
- 将"顾客姓名""利润额"字段分别拖曳至"列"功能区和"行"功能区。
- 右击"列"功能区上的"顾客姓名"字段，选择"排序"选项，弹出对话框，"排序依据"下拉列表选择"字段"选项；"排序顺序"选区选择"降序"单选按钮"字段名称"下拉列表选择"利润额"选项；"聚合"下拉列表选择"总和"选项，如图 3-6-15 所示，单击"确定"按钮。

  请大家思考，这里为什么要将利润额作降序排列？

图 3-6-15 排序

- 将视图改为"整个视图"。
- 右击"行"功能区上的"利润额"字段，选择"添加计算表"选项，并做如下设置，如图 3-6-16 所示。
  - "主要计算类型"下拉列表选择"汇总"选项，"计算依据"选区勾选"顾客姓名"复选框[①]。
  - 勾选"添加辅助计算"复选框，目的是将利润额轴上的刻度变为百分比的形式。
  - "从属计算类型"下拉列表选择"合计百分比"选项，"计算依据"选区勾选"顾客姓名"复选框，单击"确定"按钮，此步骤的目的是说明统计的累计利润额百分比是基于顾客的。

---

① 注：此处"计算依据"选区勾选"顾客姓名"复选框是因为统计的是所有顾客的累计利润额，因为此处只有一个图块且没有其他维度，若不作选择而默认为"表（横穿）"也没有关系。

图 3-6-16　表计算

至此，结果如图 3-6-17 所示。从图 3-6-17 中可以看到，纵轴上的累计利润额已变成百分比的形式了，并且发现当累计利润额达到 100% 时，对应的顾客数并不是最后一个。但这还不是帕累托图，还需要将横轴上的顾客姓名也变成百分比的形式才符合要求。

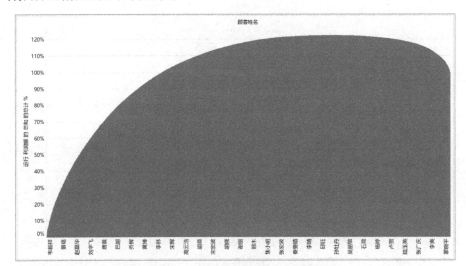

图 3-6-17　顾客累计利润额百分比视图

- 从"维度"列表框再次将"顾客姓名"字段拖曳至"详细信息"框，因为在视图中，我们一会儿要将横轴上的顾客姓名变成顾客数量，而上述步骤中的累计利润额都是基于"顾客姓名"的，所以这里我们要在"详细信息"中放置"顾客姓名"字段。

- 右击"列"功能区上的"顾客姓名"字段,将"度量"设为"计数(不同)","标记"卡选择"条形图"选项,这时图形变为如图 3-6-18 所示图形,继续下述步骤。

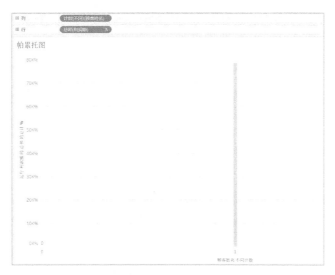

图 3-6-18 顾客累计利润额百分比条形图

- 右击"列"功能区上的"计数(不同)(顾客姓名)"字段,选择"添加表计算"选项,并做如下设置。
  - "主要计算类型"下拉列表选择"汇总"选项,"计算依据"选区勾选"顾客姓名"复选框。
  - 勾选"添加辅助计算"复选框,目的是将横轴上的刻度变为百分比的形式。
  - "从属计算类型"下拉列表选择"合计百分比"选项,"计算依据"选区勾选"顾客姓名"复选框,单击"确定"按钮。

此时,结果如图 3-6-19 所示,可以看到横轴上显示的是顾客数百分比。这就是帕累托图了,纵轴代表利润额累计百分比,横轴代表顾客数百分比。从图 3-6-19 中可以看到,当累计利润额达到 80% 时,顾客数在 20% 左右。

对于图 3-6-19,我们再作如下的设置,使得帕累托图更加直观。

  - 右击纵轴,添加一条参考线,设常数值为 0.8。
  - 再次右击纵轴,选择"编辑轴"选项,将轴标题改为"% of 利润额"。

- 右击横轴，添加一条参考线，设常数值为 0.2。
- 再次右击横轴，选择"编辑轴"选项，将轴标题改为"% of 顾客"。
- 从"度量"列表框中选择"利润额"字段拖曳至"颜色"框。

最后，结果如图 3-6-20 所示，将工作表命名为"帕累托图"，保存工作簿。

从图 3-6-20 中，不难看出，20%以上的顾客贡献了 80%的利润额。

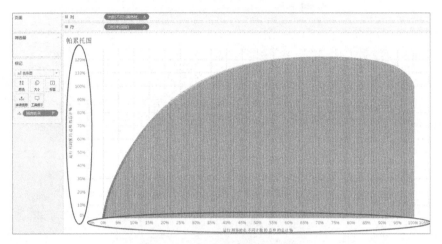

图 3-6-19　初步形成的帕累托图

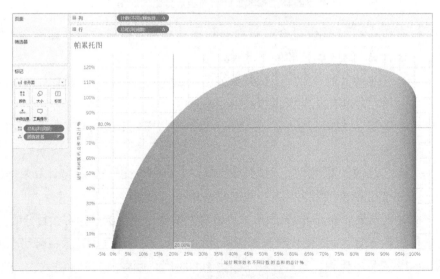

图 3-6-20　最终形成的帕累托图

3.6.7 填充气泡图：气泡大小观察产品类别销售额

这里介绍的填充气泡图跟前文 3.5.10 小节中"气泡图"还是有一定区别的。气泡图可以说是一种图标，用来离散地展示多个数值，可以和其他图形（如地图）配合使用。填充气泡图，除用气泡大小表示某个维度数值的大小外，每个气泡在填充后还加上了标签，且这些气泡不是依次地排在一条直线上。制作填充气泡图，需进行如下操作。

- 将 Tableau 连接到数据源，分别双击"产品类别""销售额"字段；
- 单击"智能推荐"选项卡，选择左下角的"填充气泡图"，结果如图 3-6-21 所示。

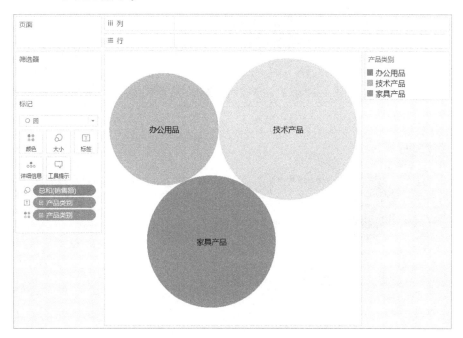

图 3-6-21　产品类别销售额的填充气泡图

- 再单击"产品类别"字段左侧的"+"，向下钻取到"产品子类别"字段（注：这里沿用前文已创建好的层级结构，即"产品类别—产品子类别—产品名称"），最后结果如图 3-6-22 所示。

这样，填充气泡图就完成了。从图 3-6-22 中，很容易发现技术产品中的办公机器产品其销售额是最高的。当然，我们也可将利润额添加进来，将"利润额"字段拖曳至"颜色"框，结果如图 3-6-23 所示，容易发现，家具产品中的产品子类别，虽然销售额较高，但利润额却不理想。

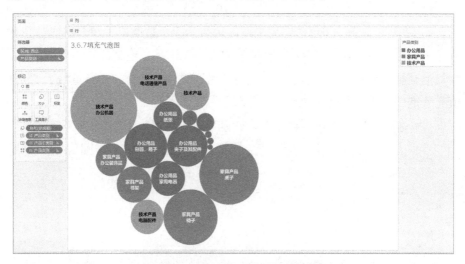

图 3-6-22 产品子类别销售额的填充气泡图

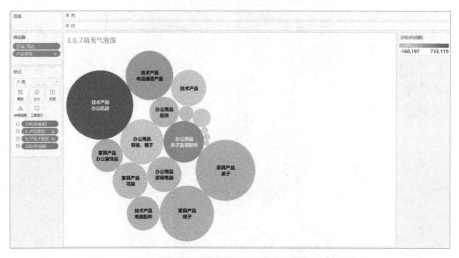

图 3-6-23 产品子类别的销售额及利润额的填充气泡图

3.6.8 文字云：文本大小观察产品销售额

文字云是一种非常好的图形展现方式，这种图形可以让我们对一个网页或一篇文章进行语义分析，也就是分析同一篇文章或同一个网页中关键词出现的频率，对于竞争情报监测尤其是声望监测十分有帮助。这里，我们仅用文字云分析各产品类别的销售情况，通过该文字云视图，一眼就可看出哪些销售产品是关键产品。

制作文字云非常简单，只需在填充气泡图的基础上稍作修改即可。将 Tableau 连接到数据源"某公司销售数据.xls—全国订单明细.sheet"后，作如下操作。

- 分别双击"产品类别""销售额"字段。
- 从"智能推荐"选项卡中选择"填充气泡图"。
- 从"标记"卡下拉列表中选择"文本"选项，结果如图 3-6-24 所示。

这样，一张文字云视图就完成了，在图 3-6-24 中，字体越大说明销售额越高。这里可能不太容易区分哪种产品类别销售额最高，我们将产品类别替换为产品子类别，效果可能会更加明显。

- 将视图中用到的"产品类别"字段都替换为"产品子类别"字段（只需从"维度"列表框中选择"产品子类别"字段拖曳至"产品类别"字段上方并将其覆盖即可），最后结果如图 3-6-25 所示。

在图 3-6-25 中，我们可以很容易发现哪种产品类别的销售额较高、哪种较低。当然，我们也可将利润额指标添加进来，只需将"利润额"字段拖曳至"颜色"框，结果如图 3-6-26 所示，对于此图这里不再过多解析。大家可根据自己的实际业务情况，适当地采用文字云视图，或许会得到意想不到的效果。

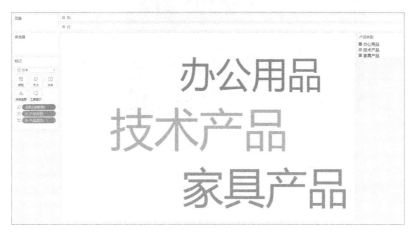

图 3-6-24 产品类别销售额的文字云视图

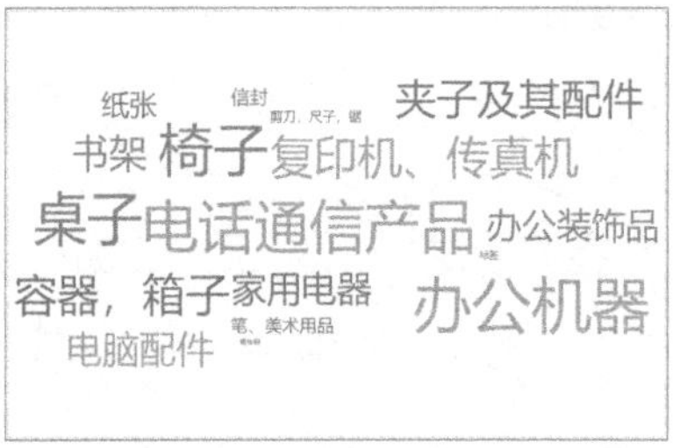

图 3-6-25　产品子类别销售额的文字云视图 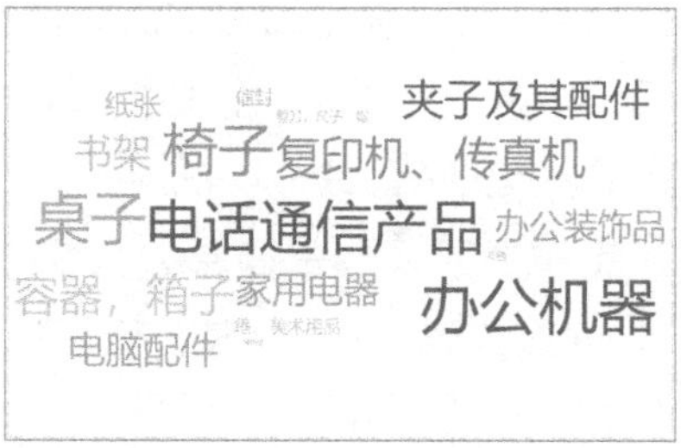　　图 3-6-26　产品子类别的销售额及利润

额的文字云视图

3.6.9　树状图：面积大小观察产品销售额

树状图也是一种非常好的图形，当需要迅速发现某种重要或异常情况时，采用此图会很有效果。某种程度上，树状图类似前文所介绍的热图。我们来看一下最后生成的树状图效果，如图 3-6-27 所示，其制作步骤如下。

- 将 Tableau 连接到数据源后，依次双击"产品类别""销售额"字段。
- 单击"智能推荐"选项卡，选择"树状图"，结果如图 3-6-27 所示。
- 再单击"产品类别"字段左侧的"+"，向下钻取到"产品子类别"字段（注：这里沿用前文已创建好的层级结构），最后结果如图 3-6-28 所示。

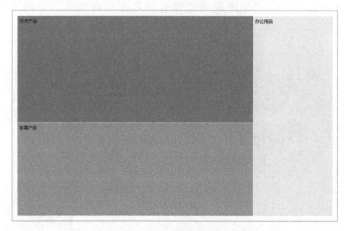

图 3-6-27　产品类别销售额的树状图视图

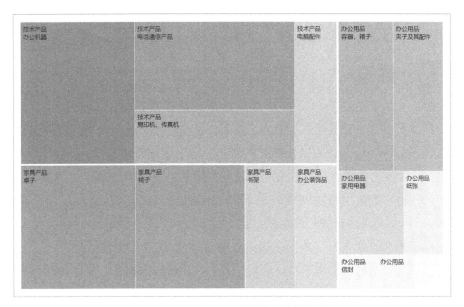

图 3-6-28　产品子类别销售额的树状图视图

这样，树状图就完成了。在图 3-6-28 中，产品子类别所在的方块颜色越深，说明销售额越高。

同样，还可以将利润额指标添加到视图中，只需将"利润额"字段拖曳至"颜色"框即可，这里不再截图，也不作进一步解析。大家可以根据自己的实际分析需求，决定下一步骤。

至此，已经介绍了 20 种图形及其制作步骤。何时采用何种图形来展示数据，大家根据自己的业务分析需要，可尝试某种图形或多种图形。相信 Tableau 提供的这些图形，可以为你的数据可视化分析带来很大的帮助。

3.7 本章小结

在本章我们主要介绍了 Tableau 的基本操作，从简单的排序、分组分层到参数与函数的使用；从基本可视化图形到新型可视化图形。可以发现，Tableau 的操作都很简单，只用拖放、双击、单击的动作，就让我们快速地将大量的数据转为美观的视图。

3.8 练习

（1）打开 3.1 节附件中所带的工作簿，将仪表板中的内容按照"利润额"由高及低排序，所有图表都按照"利润额"排序应该如何做？

（2）如果两个包含字段没有明确说明层级关系，如何判断哪个包含另一个？

（3）将"度量"列表框中的"利润额"字段进行分组，把它分为"低""中""高"三组，使用组来进行颜色划分。

（4）思考"组"和"集"的区别，各自适合什么样的分析场景？

（5）改变示例条形图中默认颜色的映射，尝试其他的颜色映射计算，思考图形的变化反映了什么样的销售情况。

（6）尝试结合地图和饼图构造不同区域产品销售比率的组合图形，即如何将地图上的点标记变成饼图？

（7）将动态图中的图形转化为散点图，增加历史轨迹观察图形的变化，思考哪种形式更好。

（8）将瀑布图修改为分别按照产品类别的利润额和销售额排序。对比原始图形，查看可视化的优劣。

（9）帕累托图上如何动态的配置列坐标参考线，如何将参考线绘制在 80% 帕累托曲线的参考位上。

（10）3.5.11 小节中使用的是城市销售情况构建数据地图，如何使用数据中的省份数据构建销售数据填充地图？

第 4 章

制作第一个仪表板

本章你将学到下列知识：

- 多个工作表之间联动筛选器。
- 多个工作表之间选择联动高亮显示。
- 通过仪表板动作进行更多交互控制。
- 仪表板的发布。

4.1 设计动态仪表板

扫码看视频

前面，我们介绍了各种图表的制作，通过 Tableau 可以迅速地创建出美观、交互式的图表。然而，有时单张的图表并不能满足分析所需，我们需要同时可以看到几张图表，并且图表之间也是交互的，这时就要用到仪表板了。

在本节，我们将介绍如下三个内容。

- 基本仪表板的创建。
- 三种"操作"动作的创建，使仪表板更具交互感。
- 仪表板创建的一些注意事项。

通过本节的学习，我们要基本掌握如何构造美观、交互式的仪表板，继而通过仪表板来展示丰富的信息。紧接着，在下一节我们将介绍如何分享创建好的工作表或仪表板。

4.1.1　新建仪表板

仪表板的作用是将多张视图放到一个仪表板中，使我们得以从多个角度同时分析数据，而不是单个看每张视图。在上一章中，我们已创建了多张视图，这里我们不再创建新的视图，而是延续使用。

在创建仪表板之前，我们先对 3.5 节中创建的几张视图的工作表名称作如下修改：地图——各城市销售概况；条形图——各产品市场表现；复合图——各区域市场表现；散点图——物流费用情况，后面我们将用到这几张图表。

创建仪表板非常简单，只需在工作表下方右击工作表标签栏，在弹出的快捷菜单中选择"新建仪表板"选项，如图 4-1-1 所示，图中在左上角"仪表板"选项卡中列出了我们在本工作簿内创建的所有工作表，双击某个工作表或直接拖放可将某个工作表添加到右侧的仪表板空白区。"仪表板"选项卡下方是"对象"选区，将其中的"水平"或"垂直"拖到右侧仪表板空白区，会产生对应的一个容器，然后可以将某个工作表拖放到其中，一般在调整仪表板内的工作表布局时才用到。将"布局"选项卡里的其他对象双击或拖放到右侧仪表板空白区，可以添加相应的标题、文本、图片等，这可满足有时要为仪表板添加标题、公司 Logo 等信息的要求。左上方的"大小"选区，主要是用来调节仪表板的页面尺寸，在将仪表板输出为图片或 PDF 文档时可能需要。

图 4-1-1　新建仪表板

上面，对仪表板的页面做了一个简介。接着，依次双击"仪表板"选项卡下的"各城市销售概况""各产品市场表现""各区域市场表现""物流费用情况"选项，则该 4 张工作表自动添加到右侧仪表板空白区，结果如图 4-1-2 所示。

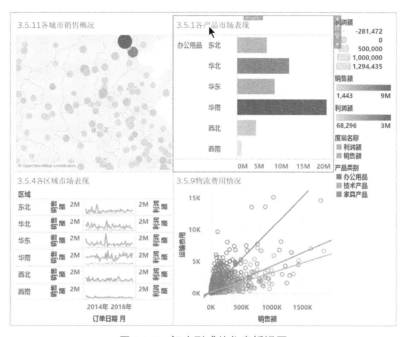

图 4-1-2　初步形成的仪表板视图

现在我们已经做好了一个仪表板。在该仪表板中有 4 张工作表，最右侧一列是筛选器或图例，这些是我们在创建工作表时显示出来的，这些筛选器或图例都是针对原工作表的。在一个仪表板中，建议最多放 4 张工作表，如果过多的话整个仪表板会显得很拥挤。

4.1.2　布局调整

目前的仪表板状态，对于非报告制作人员，结构不够清晰。因此，我们可对整个仪表板作布局调整，使其更具可读性，步骤如下。

- 将区域筛选器拖曳至"各城市销售概况"工作表上方，调至适当大小，右击其右上角下拉按钮，将区域筛选器设置为"单值（下拉列表）"，如

图 4-1-3 所示，如此，其他人一看便知"区域"下拉列表是用来筛选地图上地理位置的，可方便地选择各个区域的城市销售概况。

图 4-1-3 筛选框

- 对于"利润额"颜色图例，如果查阅仪表板的人都知道颜色越深代表利润越高，那我们可以将其隐藏掉，否则，保留为好。这里我们将其隐藏，单击"利润额"颜色图例，单击右上角"×"或在其下拉菜单中选择"从仪表板移除"选项。
- 将"产品类别"字段拖曳至"产品市场表现"字段上方，调至适当大小，并将产品类别筛选器设置为"单值（下拉列表）"，如图 4-1-4 所示。

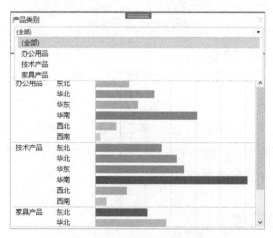

图 4-1-4 移动筛选框位置

- 将"度量名称"图例拖曳至"各区域市场表现"工作表的上方，并调整其大小。

上述步骤后，结果如图 4-1-5 所示，对比图 4-1-2，图 4-1-5 显得更紧凑一些、更具可读性。当然，如果认为图 4-1-2 更合适，那可以不用调整仪表板布局。介绍上述步骤的目的是，让大家知道仪表板内的工作表和图例等都可以随意拖曳至指定位置，并可调整其边框大小。另外，还可以将"布局"选项卡中的"水平容器"选项或"垂直容器"选项拖曳至图中某个区域产生一个空白区，该空白区可以用来放置某个工作表。

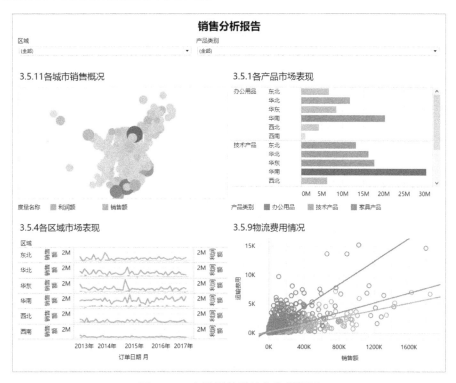

图 4-1-5　布局调整后的仪表板视图

在将仪表板内的工作表做了相关布局调整之后，还可以添加其他内容，进一步增加仪表板的可读性。可进行如下操作。

- 勾选左下角"显示仪表板标题"复选框或执行"仪表板"—"显示标题"命令，为仪表板添加一个标题。勾选后出现一个标题框，如图 4-1-6 所示，双击该标题框，将该仪表板命名为"销售分析报告"。

- 若要对整个仪表板或某个工作表添加文字说明，只需将"文本"选项拖曳至指定位置，双击编辑文字即可。

- 若要添加图片，如公司的 Logo，也只需将"图像"选项拖曳至指定位置，弹出对话框，就可导入图片了，这里省略；对于"空白"选项也是如此，将"空白"选项拖曳至视图中，会产生一个空白区，可以用来调整其他工作表所占的区域大小。

- 还有一个"网页"选项，双击该选项弹出如图 4-1-7 所示对话框，可以输入 URL 链接，以在仪表板内显示某个网页，这里省略。

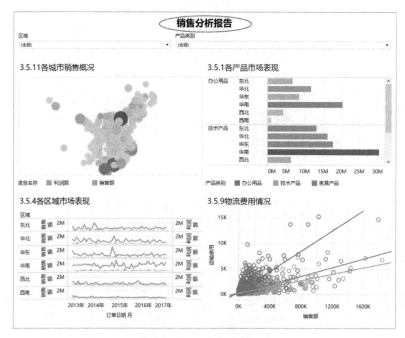

图 4-1-6　添加标题

图 4-1-7　添加 URL 链接

在此，整个仪表板的页面布局基本设置好了。接下来，我们要介绍如何在仪表板内创建"动作"，以使仪表板内各个工作表互动起来。

4.1.3　创建动作

虽然在一个仪表板内，我们得以同时观察分析多张工作表，从不同角度去分析公司的经营情况。但我们希望多表之间联动：当单击"各城市销售概况"

工作表上某个省份或城市时，"各产品市场表现"工作表和"各区域市场表现"工作表也都只显示相应省份或城市的数据。若能这样，则工作效率会更高。

上述需求，在 Tableau 中非常容易实现，只要在仪表板里设置相关"操作"即可。在 Tableau 中主要有六种"操作"，单击菜单栏中"仪表板"菜单，选择"操作"选项，在弹出的"操作"对话框中，单击"添加操作"按钮，如图 4-1-8 所示，可以看到六种"操作"分别是："筛选器""突出显示""转到 URL""转到工作表""更改参数""更改集值"。功能如下。

- 筛选器：选择某张工作表上某个点或多个点时，相关联的工作表也只显示某个点或多个点所代表的数据。
- 突出显示：选择某张工作表上某个点或多个点时，相关联的工作表突出显示该点所属的数据；
- 转到 URL：选择某个 URL 时，可以跳转至该 URL 所链接的页面。
- 转到工作表：使用户能在单击"标记"或"工具提示"框时导航到其他仪表板、工作表或故事。
- 更改参数：使用参数动作可让用户通过直接与可视化项交互（如单击"标记"）来更改参数值。可以将参数动作与参考线、计算、筛选器和 SQL 查询结合使用，并自定义在可视化项中显示数据的方式。
- 更改集值：使用集动作，用户能直接与可视化项或仪表板交互，从而控制其分析的各个方面。当用户在视图中选择"标记"时，集动作可以更改集值。

图 4-1-8　添加操作

为了实现多表之间的联动，我们做如下操作。

- 单击菜单栏中"仪表板"菜单，选择"操作"选项，在弹出的"操作"对话框中，单击"添加操作"按钮并选择"筛选器"选项，弹出如图 4-1-9 所示对话框。

- 将该"筛选"操作命名为"按城市过滤"。

- 在"源工作表"选区内勾选"各城市销售概况"复选框，这里列出了本仪表板里所含的几张工作表，此处只用"各城市销售概况"工作表作为过滤源。

- 在"源工作表"选区右侧，"运行操作方式"中单击"选择"按钮。这里有三个按钮，"悬停"按钮是指只当鼠标指针悬浮于原工作表某个点时，实现对某关联表的过滤；"选择"按钮是指当选中原工作表某个点时，实现对某关联表的过滤；"菜单"按钮是指将"动作"显示在"工具提示"框中，单击"工具提示"框中的"动作"时，实现对某关联表的过滤。

- 在"目标工作表"选区内勾选"各产品市场表现""各区域市场表现"复选框，这两张工作表作为被过滤的对象表。

- 在"目标工作表"选区右侧，"清除选定内容时将会"处选择"显示所有值"单选按钮。这里有三个单选按钮，用途是指当取消选择源工作表某个点时，被过滤的工作表中的数据如何变化："保留筛选器"单选按钮是指仅离开过滤器，被过滤工作表中数据在过滤后不发生变化；"显示所有值"单选按钮是指取消筛选时，被过滤的工作表显示所有原始数据；"排除所有值"单选按钮是指取消筛选时，被过滤的工作表不显示任何数据。

- 单击"确定"按钮，在"动作"对话框中可看到刚创建的"动作"，如图 4-1-10 所示，单击"确定"按钮。

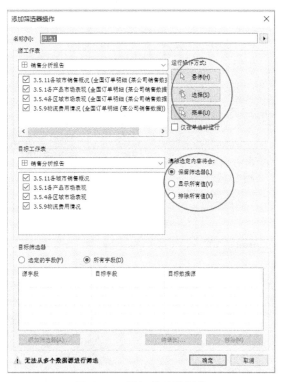

图 4-1-9 添加筛选器操作

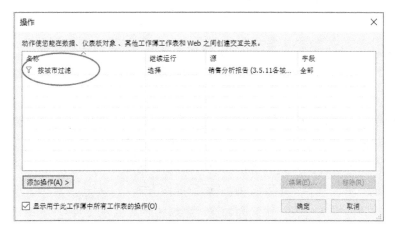

图 4-1-10 添加筛选器

通过上述步骤，我们再回到仪表板中，选择"各城市销售概况"工作表中的城市时，可以看到另两张工作表中的数据也相应发生变化，如图 4-1-11 所示，单击地图上任意一点，"各产品市场表现""各区域市场表现"工作表都发生相应变化，从图中可以发现，湖南省长沙市销售的家具产品利润额很差，且整体利润额有好几个月都是负的。

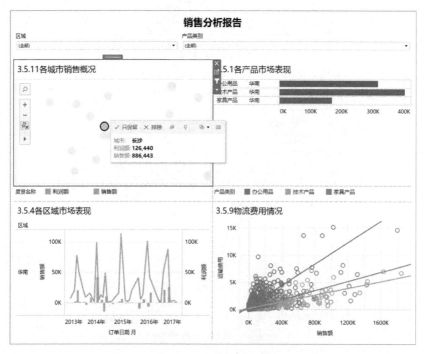

图 4-1-11　筛选操作演示

我们再创建一个"突显"动作，使得当单击"各区域市场表现"工作表中某处时，"各城市销售概况""各产品市场表现"工作表中的数据也相应突显，步骤如下。

- 单击菜单栏中的"仪表板"菜单，选择"操作"选项，在弹出的"操作"对话框中单击"添加操作"按钮，选择"突出显示"选项。
- 在"源工作表"选区内勾选"各区域市场表现"复选框。
- 在"源工作表"选区右侧，"运行操作方式"中单击"选择"按钮。
- 在"目标工作表"选区内勾选"各城市销售概况""各产品市场表现"复选框。
- 单击"确定"按钮，在"操作"对话框中再单击"确定"按钮。

这样我们就创建好了一个"突显"动作，单击"各区域市场表现"工作表中任意一点，结果如图 4-1-12 所示，"各城市销售概况""各产品市场表现"工作表都只突显相关数据。从图 4-1-12 中可知，4 年来东北区域的销售额变化不大，其中本溪市较其他市销售额更大。从各产品市场表现来看，东北区域在各产品类别上销售额排在第四位。最后，在工作表标签栏处将整个仪表板命名为"公司销售分析报告"。

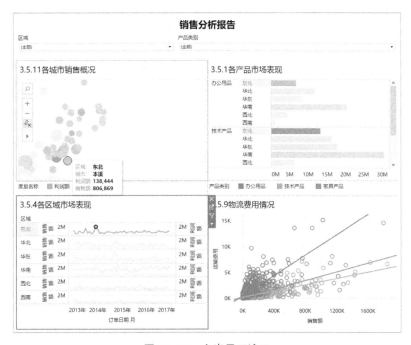

图 4-1-12　突出显示演示

还有一种方式，可以让我们快速设置"操作"。选中仪表板中某个工作表，单击其右上角的下拉列表按钮，如图 4-1-13 所示，选择"用作筛选器"选项，创建一个"筛选器"动作。单击此工作表中某一标记，则其他工作表都只显示相关数据。对于此"操作"，单击菜单栏中的"仪表板"菜单下的"操作"选项，可以看到刚创建的"过滤"动作，可以对其进行编辑。也可以通过选定该工作表后单击右上角"用作筛选器"按钮"▽"，实现快速设置。

此外，我们还可以将某个工作表附带的筛选器也设置为一种"操作"。选中某个筛选器，这里以"各城市销售概况"工作表的"区域"筛选器为例，单击其右上角的下拉列表按钮，如图 4-1-14 所示，执行"应用于工作表"—"使用此数据源的所有项"命令，则此筛选器被用来筛选整个工作簿内其他工作表。

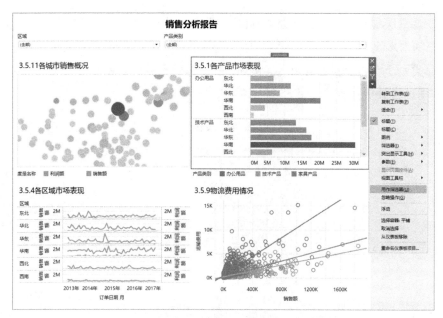

图 4-1-13　快速设置筛选器

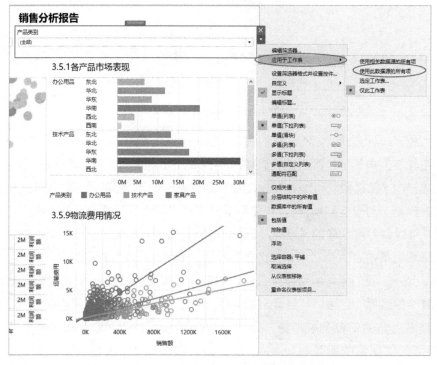

图 4-1-14　筛选器应用于工作表的选择

在创建仪表板时，我们可以根据数据的性质及分析的角度，调整设置仪表板布局，并创建各种各样的"操作"，使仪表板更具交互感，让报告查看人员可以迅速发现更多的信息。关于仪表板更高级的设置，这里不做深究，在本书后文中，仍会涉及很多仪表板的使用。此外，关于 URL 动作的使用，即单击目标后会跳转到设置的 URL 地址，这里暂不示例，将在后文再作介绍。

4.1.4 使用仪表板的注意事项

上面，我们对仪表板的页面设置、布局及"操作"的创建作了相关介绍。为了让仪表板简洁、美观、更具交互式，在设置仪表板布局时应注意以下相关事项。

- 一个仪表板内不要放太多张工作表，可以随时再创建一个新的仪表板。
- 去掉或隐藏掉不必要的注释框或图例，一方面避免占用不必要的空间，另一方面避免分散报告查看人员的视线。
- 仪表板中的某个工作表在其轴上若含有刻度值，要注意刻度值的格式，建议将刻度值设置得更精确一些。
- 适当的添加一些文本注释，以方便报告查看人员分析报告。
- 对于工作表附带的筛选器，适当设置其形式，以方便使用。

4.2 作品分享

本节，我们将介绍如何将制作好的美观、交互式的视图和仪表板分享给其他人员，让其他人员在第一时间获取公司的经营信息。Tableau 让我们有很多种方式可以把视图和仪表板分享出去，例如：

- 将仪表板发布到 Tableau Server 上，其他人员通过用户名、密码在网页上通过浏览器就可阅读制作好的报告，还可以通过 iPad 或 Andriod 平板电脑，实现实时办公。
- 将要分享的仪表板或视图打包保存为一个格式为.twbx 的文件，发送出去，其他人员可以通过 Tableau 桌面端或下载 Tableau Reader 阅读器打开此文件。

- 将仪表板或视图输出为图片或 PDF 文件，然后发送给其他人员。
- 若无需考虑数据安全性，则可将仪表板或视图发布到 Tableau Public 上，其他人员只要单击链接即可打开文件。

本书主要介绍第一种方式，即如何将创建好的仪表板和视图发布到 Tableau Server 上，并设置相应的浏览和操作权限。

在 4.1 节中，我们已经创建好了一个仪表板"公司销售分析报告"，现在我们要将其发布到服务器上去，并设置相应权限。

首先，登录 Tableau 服务器。单击菜单栏中的"服务器"菜单，选择"登录"选项（也可直接单击"发布工作簿"选项），弹出如图 4-2-1(a)所示对话框，输入服务器地址，单击"连接"按钮。连接到服务器之后，弹出如图 4-2-1(b) 所示对话框，输入用户名和密码，单击"登录"按钮。

登录服务器后，单击"服务器"菜单下的"发布工作簿"选项，弹出如图 4-2-2 所示对话框。

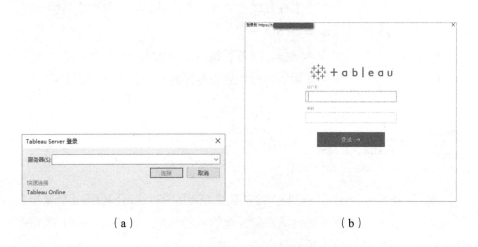

（a）　　　　　　　　　　　　（b）

图 4-2-1　Tableau Server 登录窗口

图 4-2-2 工作簿的发布

在此对话框中，"项目"下拉列表是指要将仪表板和视图发布到 Tableau Server 上的哪个文件夹，该文件夹是管理员事先在 Tableau Server 上创建好的，并为其设置了浏览权限，默认为"默认值"文件夹；"名称"下拉列表为要发布的工作簿的名称；"标记"选区下方的"添加"按钮可以为要发布的工作簿添加一个标记，方便在 Tableau Server 上快速搜索和定位；单击"工作表"选区下方的"编辑"按钮可以选择将哪个工作表发布到服务器上，默认勾选本工作簿里所有的工作表选区；"数据源"选区下方的"编辑"按钮显示数据源的嵌入方式。

在继续操作之前，我们不妨先来看一下服务器的主页面，以系统管理员身份登录 Tableau Server，进入如图 4-2-3 所示页面，该页面是登录后的默认页面，显示的是 Tableau Server 中的所有项目，用户可以选择工作簿所在的项目文件夹以找到要查看的报告。页面上方是管理员特有的一些管理选项，例如：

- 用户，单击进入后可以建立或删除用户。
- 群组，单击进入后可管理用户组。
- 计划，单击进入后管理员可以创建刷新计划和订阅。

- 任务，单击进入后可以查看哪些计划正处于任务中。
- 站点状态，单击进入可以查看 Tableau Server 的运行状态、最近访问用户等。
- 设置，单击进入后管理员可以对 Tableau Server 进行相关的设置。

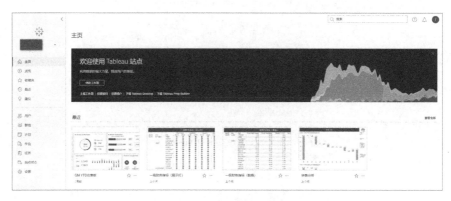

图 4-2-3　Tableau Server 服务器的主页面

在图 4-2-3 中，单击"用户"选项，进入如图 4-2-4 所示页面，这里列出了已创建好的用户，可以对已有用户进行编辑、删除、归组，也可设置其总权限，如发布者权限、管理员权限。单击左上角的"添加用户"按钮可以新建用户。单击"群组"选项，进入用户组页面，可对用户组进行管理。

图 4-2-4　Tableau Server 用户数界面

对服务器管理页面有了大致了解后，我们再回到发布工作簿到服务器上的步骤中来。

将"项目"下拉列表选择为"经理报告"选项，在"名称"下拉列表处选择"销售分析报告"选项；选中"所有用户"选项，然后单击"移除"按钮，因为这份报告只给经理级别的人查阅。

发布具体操作如下。

- 勾选要发布的工作表，这里我们选中"各城市销售概况""各产品市场表现""各区域市场表现""物流费用情况"和"公司销售分析报告"工作表，以待发布。

- 单击"权限"选区下方的"编辑"按钮，出现如图 4-2-5 所示对话框，在这里设置将文件给谁查阅及具体的查阅权限。直接选中"test"选项，然后单击下方中间的"编辑"按钮设置具体的权限，设置结果如图 4-2-6 所示，单击"确定"按钮。

- 在如图 4-2-2 所示对话框中，单击"发布"按钮，将所选中的工作表发布到服务器上。

图 4-2-5 添加/编辑权限　　　　　图 4-2-6 选择权限

成功发布工作簿后，生成如图 4-2-7 所示发布完成页面，单击右下角"完成"按钮即可进入网页浏览模式。这时，只有工作簿发布者、管理员及各部门经理才能看到此工作簿。

图 4-2-7　发布完成页面

将工作簿发布到服务器之后，我们还可以将相关工作表生成一个 URL 或
HTML 代码，然后将 URL 直接 E-mail 给相关人员，或者将 HTML 代码嵌入
到某个网页中。为此，只需用网页浏览器打开刚才发布的工作簿，如图 4-2-8
所示，单击右上角的"　共享　"图标即可为当前的视图生成一个 URL 或 HTML
代码，如图 4-2-9 所示，其中，圆圈圈中的部分为服务器地址。

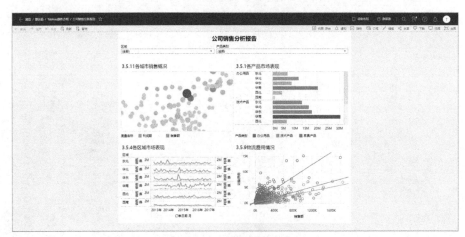

图 4-2-8　用浏览器查看工作簿

图 4-2-9 共享视图

除了可以将 Tableau 工作簿发布到服务器上，还可以将工作簿输出为打包
文件、图片或 PDF 文件，操作如下。

- 单击菜单栏上的"文件"菜单，选择"导出打包工作簿"选项，如图 4-
  2-10 所示，在弹出的对话框中输入文件名，保存即可。这里需要注意的
  是输出为打包文件是将工作簿中所有的工作表及原始数据都打包在一
  起。所以将工作簿打包输出的一个好处，就是报告查看人员除查看报告
  外，还可利用原始数据进行数据分析。

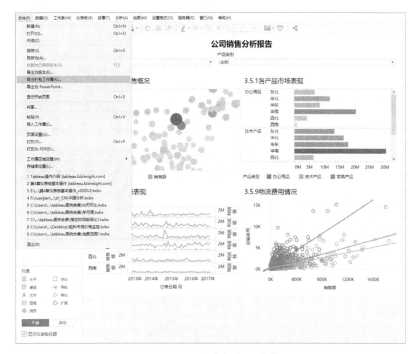

图 4-2-10 导出打包工作簿

- 若输出为 PDF 文件，只需单击菜单栏上的"文件"菜单，选择"打印为 PDF"选项，弹出如图 4-2-11 所示对话框，这里选择要输出的工作表，可以是当前工作表、整个工作簿或选定工作表，然后设置纸张的尺寸。尤其要注意的是，在输出仪表板时，若仪表板内各个工作表中所含的中文文字太多或轴上的刻度太密集，则应事先做相关调整。比如，将中文字体设为 Arial Unicode MS 字体，以免在输出为 PDF 文件后，相关中文文字或数字显示不出来，而出现一个个的小四方形。若对仪表板的尺寸进行设置，则选择"文件"菜单下的"页面设置"选项，弹出如图 4-2-12 所示对话框。

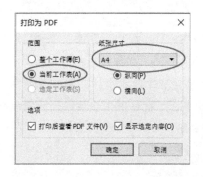

图 4-2-11　打印为 PDF 文件

图 4-2-12　页面设置

- 若输出为图片文件，对于整个仪表板，只需单击菜单栏中的"仪表板"菜单，选择"导出图像"选项，保存文件即可。对于视图工作表，单击菜单栏中的"工作表"菜单，执行"导出—图像"命令，弹出如图 4-2-13 所示对话框，勾选相关复选框后，单击"确定"按钮即可。另外，也可以选中某个视图，右击，选择"复制图像"选项，则可将视图复制到某个文件上。

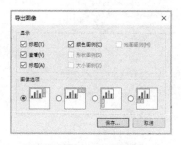

图 4-2-13　导出图像

对于用 Tableau 创建的图表，我们可以有多种方式方便快速地将其分享给其他人员，达到信息共享的目的。

4.3 本章小结

本章主要介绍了 Tableau 如何将一张张的工作表变成交互式的仪表板，实现了在仪表板中如何将有相同数据源项的图表进行联动，如何把我们的作品发布分享。在第 5 章，我们将看到更多的实际应用案例。

4.4 练习

（1）在仪表板中如何增加按"产品类别"的筛选项目？

（2）如何将地图更换为客单价分布图？并且使用区域销售条形图进行筛选控制？

（3）如何更改仪表板的字体、字号？如何为每个图表增加灰色边框？

（4）使用 Tableau 中"仪表板"菜单下的"布局"选项重新构造整个仪表板，理解仪表板是如何实现布局控制的？

（5）将仪表板中的筛选器都替换为高亮显示。思考筛选器和高亮功能各自的优点和缺点是什么？分别适用于什么场景？

第 5 章

实战演练

通过前面章节的学习，我们已经大致了解了制作一个仪表板的过程，那么在本章中我们将会通过具体的实战演练讲述更多的应用技巧，使制作完成的图表看上去更专业，用起来更便捷，分析结果更有效。

本章你将学到下列知识：

- 如何自定义仪表板结构。
- 设置筛选器格式。
- 通过参数动态控制页面和筛选器显示的字段。
- 制作突出显示的文本。

5.1 教育水平评估图表

扫码看视频

5.1.1 学校教育水平评估

在制作图表之前，我们先来浏览一下如图 5-1-1 所示制作完成之后的视图截图。

在教育行业中，通常要对某个学校或某个城市的教育水平进行评估，也可能要对多个学校或多个城市的教育水平进行比较。

在实战当中，我们将通过不同城市的不同学院、学生考试分数及学生餐饮

状况等多个维度来制作仪表板，通过分析，我们可以知道各城市在不同时期的
教育水平状况。

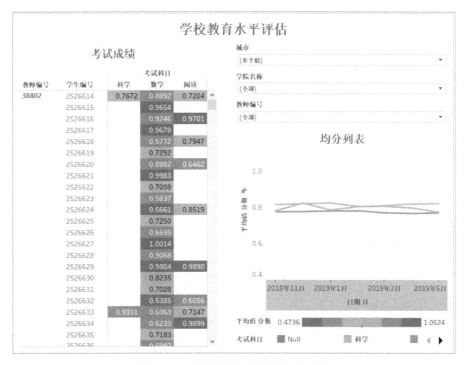

图 5-1-1 "学校教育水平评估"效果图

1．制作"均分列表"视图

通过一个线图，以时间为衡量标准，分析在不同时间段内每门科目的成绩
分布，操作步骤如下。

- 打开工作簿，将 Tableau 连接到数据源"考试分数.xls"，转到"工作表
  1"，并将其命名为"均分列表"。
- 在左侧的"维度""度量"列表框中可以看到所有字段，如图 5-1-2 所
  示。其中"学生编号""教师编号"两个字段并不是数值型的，因此我
  们右击这两个字段，选择"转换为维度"选项；或者直接将这两个字段
  拖曳至"维度"列表框。
- 制作"线图"。

- 将"日期""分数"字段分别拖曳至"列"功能区和"行"功能区，右击"列"功能区中的"日期"字段将格式设为连续的"月"，以观察各年各月的数据，"分数"字段的计算方式改为平均值。
- 将"考试科目"字段拖曳至"标记"卡下的"颜色"框，用不同颜色来区分不同的科目。
- 在"智能推荐"选项卡中选择"线（连续）"，如图 5-1-3 所示。

图 5-1-2 "维度"和"度量"列表框
中的字段

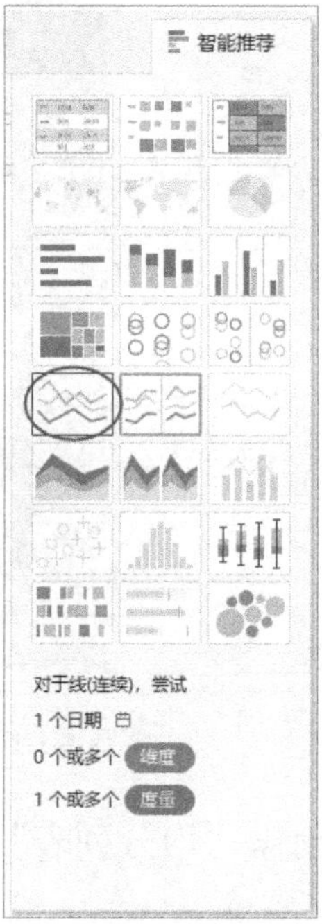

图 5-1-3 线图在"智能推荐"选项卡
中的位置

- 我们看到线图当中数据的分布都偏上方，如图 5-1-4（a）所示，我们可以更改 Y 轴的数据间隔。右击线图当中的 Y 轴区域，选择"编辑轴"选项，在"常规"菜单下的"固定"选项中设置"固定开始"为 0.4，"固定结束"为 1.1，设置完成后，可以看到数据都分布在了图形的中间区域，如图 5-1-4（b）所示。注：此处的学生"分数"是经过某公式转换之后的数值，下文同。
- 图 5-1-4 右下角显示"1 个 Null"表示原始数据中有 1 个空值，如果想始终展示有多少空值，可以不做任何操作；如果想去掉这个显示，可以右击它，选择"隐藏指示器"选项，这样在视图中就隐藏掉了空值（注：如之后的案例当中有此情况，均可采用此方法）。到此时第一个视图就完成了，最后结果如图 5-1-5 所示。

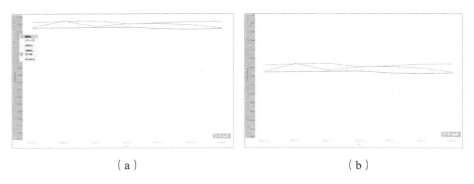

（a）   （b）

图 5-1-4　编辑轴

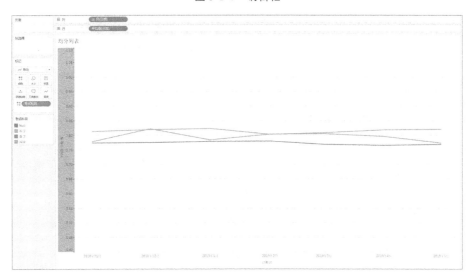

图 5-1-5　线图展现

我们可以看到三个科目的均分都在 0.8 附近浮动，数学科目的分数从 2018 年 11 月到 2019 年 5 月都很均匀，基本没有什么浮动；科学科目的分数在 2018 年 12 月有较大浮动；阅读科目的分数普遍高于数学科目和科学科目。通过这个图，会发现学生普遍喜欢阅读多于数学和科学。

2. 制作"考试成绩"视图

这个视图设计的主要目的是查看不同教师的学生各科的成绩，并且用颜色加以明显区分。操作步骤如下。

- 新建一个工作表，命名为"考试成绩"。
- 为了方便后面的钻取分析，按住"Ctrl"键，选中"维度"列表框中的"城市""学院名称""教师编号""学生编号"四个字段，右击执行"分层结构"—"创建分层结构"命令，创建完成后数据窗口如图 5-1-6 所示。
- 将"教师编号"字段拖曳至"行"功能区，单击前面的加号下钻至"学生编号"字段；然后把"分数"字段拖曳至"标记"卡下的"文本"框，右击，将其计算方式改为"平均值"。
- 在"智能推荐"选项卡中选择"突出显示表"，如图 5-1-7 所示。

图 5-1-6　数据窗口

图 5-1-7　突出显示表

- 将"考试科目"字段拖曳至"列"功能区。
- 要去掉原始数据中的空值，如图 5-1-8 所示，右击"Null"列，选择"排除"选项即可。

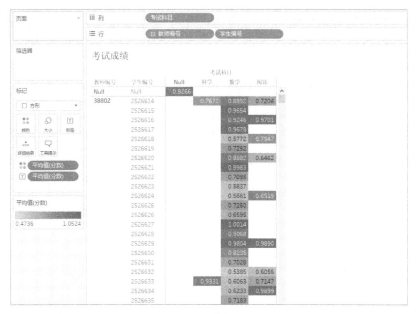

图 5-1-8　原始数据中的空值

- 改变图形颜色：单击"颜色"图例右上角的下拉按钮，选择"编辑颜色"
  选项，出现如图 5-1-9（a）所示的对话框，单击"色板"下拉按钮，选
  择要用的颜色，并且设置颜色的区分间隔，如图 5-1-9（b）所示，这里
  我们选择 6 个颜色区分间隔，从左往右，越靠近右侧颜色代表的分值
  越大。

（a）

（b）

图 5-1-9　编辑"分数"的分段颜色

- 添加筛选器：选择"城市"字段作为筛选的维度，来看不同城市的细节数
  据的展现。将"城市"字段拖曳至"筛选器"功能区，出现如图 5-1-10 所

示的对话框，单击"全部"按钮，再单击"确定"按钮。同样，选择"学院名称""教师编号"字段作为筛选的维度，设置方法同"城市"字段一样。

- 右击"筛选器"功能区中的筛选字段，选择"显示选择器"选项，在视图区最右侧可看到添加的筛选器。
- 可以更换筛选器的格式，单击"筛选器"功能区右侧的下拉按钮，选择想更换的形式，如图 5-1-11 所示，这里选择"多值（下拉列表）"选项。

图 5-1-10　筛选器的设置　　　　图 5-1-11　筛选器的格式

　　至此，"考试成绩"视图制作完成，如图 5-1-12 所示，从图 5-1-12 中可以通过筛选器查看不同城市、不同学院、不同教师的学生各科的成绩分布情况。

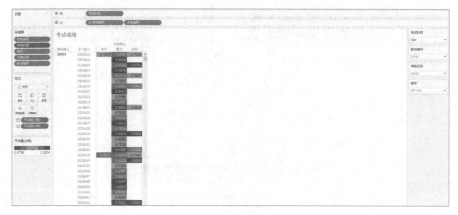

图 5-1-12　"考试成绩"视图

3．制作"学校教育水平评估"仪表板

- 新建一个仪表板，命名为"学校教育水平评估"。
- 设置仪表板的尺寸，设置"大小"选区中的"宽度""高度"，如图 5-1-13 所示。

图 5-1-13　仪表板尺寸的设置

- 将"均分列表""考试成绩"两张工作表拖曳至仪表板空白区，并调整各工作表及标记框的位置。
- 勾选"仪表板"选项卡中的"显示仪表板标题"复选框，对仪表板进行格式设置和美化，最终形成如图 5-1-1 所示的视图。
- 将工作簿保存为文件名为"教育水平评估"的 Tableau 打包工作簿。

5.1.2 城市教育水平评估

在上一个仪表板中，我们通过使用筛选器，可以筛选查看不同城市、不同学院、不同教师的学生各科的成绩。在 Tableau 中，还可以使用更加直观的方法实现多层筛选，就是直接在地图上单击城市来进行筛选。所以，在这个案例中，我们着重讲解如何实现多层筛选和如何使用地图进行筛选。

1. 制作"各维度比较"视图

我们继续在"教育水平评估"这一工作簿里进行操作，且仍然使用数据源"考试分数.xls"，通过制作"各维度比较"视图来查看不同年级、参加不同学校餐饮计划的学生在不同时期内的课程分数。操作步骤如下。

- 新建工作表，将其命名为"各维度比较"。
- 将"日期""分数"字段分别拖曳至"列"功能区和"行"功能区，把"列"功能区中"日期"字段的格式设置为连续的"月"，以观察各年各月的数据，"分数"字段计算方式改为"平均值"，如图 5-1-14 所示。

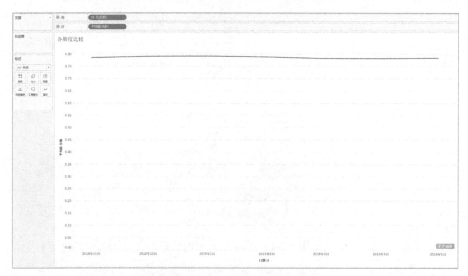

图 5-1-14 设置日期格式及计算方式

- 多层筛选的实现。
  - 创建一个参数。在工作表的空白处右击，在弹出的快捷菜单中选择"创建参数"选项，将参数命名为"比较选择"，"允许的值"选择"列表"单选按钮，如图 5-1-15 所示，将"年级"赋值为 1，"餐饮计划"
赋值为 2，"考试科目"赋值为 3，那么在"维度""度量"列表框的
下方将会新增名为"参数"的列表框。

■ 新建一个字段。在工作表的空白处右击，在弹出的快捷菜单中选择
"创建计算字段"选项，如图 5-1-16 所示，将字段命名为"比较"，
在空白处输入如下等式：

If   [比较选择]=1   THEN   STR([年级])

ElSEIF   [比较选择]=2   THEN   [餐饮计划]

Else   [考试科目]   end

这样做的目的是，当参数"比较选择"的值为 1 时，"比较"字段显示"年
级"；当参数"比较选择"的值为 2 时，"比较"字段显示"餐饮计划"；否则
显示"考试科目"。

图 5-1-15   创建参数"比较选择"

图 5-1-16　创建新的计算字段"比较"

- 将创建的"比较"字段拖曳至"标记"卡下的"颜色"框，用颜色区分不同的维度。
- 把"比较"字段作为筛选器使用，并且显示出来。同时将参数"比较选择"显示出来，操作方式：右击"参数"列表框下的"比较选择"，在弹出的快捷菜单中勾选"显示参数"复选框，如图 5-1-17 所示。

那么，在参数"比较选择"当中，任选一个维度，筛选器"比较"会显示相应维度的选项。例如，选择"考试科目"，那么筛选器显示"数学""科学""阅读"；若选择"年级"，则筛选器显示"10""11""12"。

- "各维度比较"视图完成之后，效果图如图 5-1-18 所示。

如图 5-1-18 所示，通过多层筛选，能够更加快捷、方便地查看在时间维度上不同年级、参加不同学校餐饮计划的学生在不同时期内的课程分数，进而分析哪些因素对教育水平的影响程度大，哪些因素对教育水平的影响程度小。

图 5-1-17　参数控件的显示

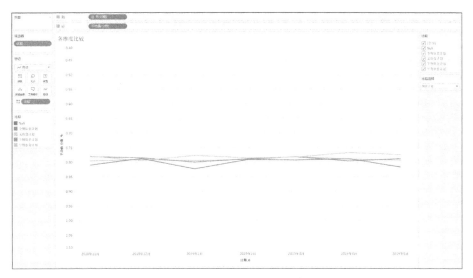

图 5-1-18 "各维度比较"视图

2．制作"城市地图"视图

通过这部分的制作实现能够在地图上快速地查找到各维度数据，具体操作如下。

- 新建一个工作表，命名为"城市地图"。
- 在"数据"选项卡中选择"城市"字段，右击执行"地理角色"—"城市"命令。
- 将"Latitude"字段和"Longitude"字段[①]分别拖曳至"行"功能区和"列"功能区，工作区会自动生成一张这些经纬度所在位置的地图。这里地图上只显示一个点，是因为默认显示的是所有经度的平均值和所有纬度的平均值，如图 5-1-19 所示。只有一个点，当我们添加其他详细信息项目时，就能看到变化了。

---

① 说明：在"度量"列表框里面我们看到有两个特殊的字段，"Latitude"字段和"Longitude"字段，这两个字段所代表的含义是各城市中不同学院所在的经纬度。

图 5-1-19　经纬度拖到"列"和"行"功能区的显示

- 将"城市"字段或"分层结构"字段拖曳至"详细信息"框，此时各城市坐标将会出现在地图中。

- 将"学生"字段拖曳至"标记"卡下的"大小"框，此时各城市的坐标大小将会基于学生人数的多少发生改变，如图 5-1-20 所示。

图 5-1-20　城市地图的展示

- 将"分数"字段拖曳至"标记"卡下的"颜色"框，以平均值展现，设置颜色以有更好的区分间隔。
- 为了有更直观的可视化，单击工具栏中的"标签"图标，勾选"显示标记标签"复选框，这样我们就可以看到各城市学生的平均成绩；鼠标指针滑过每个坐标点，还可看到与该坐标点有关的所有信息，如图 5-1-21 所示。

图 5-1-21　各城市学生的平均成绩

3. 制作"城市教育水平评估"仪表板

制作仪表板的具体操作如下。

- 新建仪表板，并命名为"城市教育水平评估"。
- 将"各维度比较"工作表和"城市地图"工作表整合到仪表板中，进行布局和格式的调整，最终形成的仪表板视图如图 5-1-22 所示。

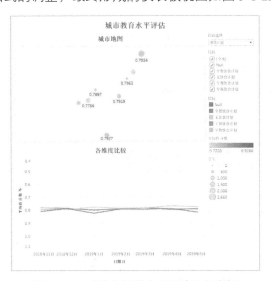

图 5-1-22　"城市教育水平评估"仪表板

- 为了实现将地图用作筛选器的功能，选中仪表板中的"城市地图"工作表，如图 5-1-23 所示，单击右侧的"🔽"图标即可。比如我们通过地图选中城市北京，那么下面"各维度比较"工作表中显示的将是北京市的相关数据分析。

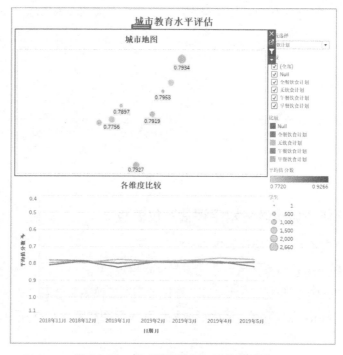

图 5-1-23　将"城市地图"用作筛选器

- 然后我们可以通过图 5-1-23 右侧的筛选器，对北京市的"各维度比较"视图进行进一步的筛选查看。

5.2　网站内容评估图表

扫码看视频

　　本案例的目的是掌握参数的另一种设置方法，以及散点图在网站内容评估中的应用，通过设置 Tableau 中的部件，来灵活地展现首页或 N 级页面当中不同媒介类型的独立访问量、跳出率等数据，根据实时的趋势数据分析结果及时做出相应的调整及改善，提高工作效率。

在学习制作之前，我们先来看一下制作完成之后的仪表板，如图 5-2-1
所示。

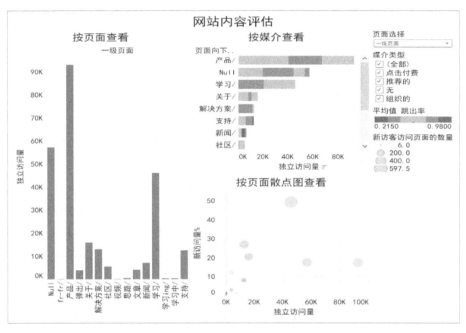

图 5-2-1 "网站内容评估"仪表板

5.2.1 制作"按页面查看"视图

在做网站监测时，为了在一张图表上看到不同媒介、不同页面上独立访问
量是多少，可以通过 Tableau 迅速地生成这样的对比图表，具体操作如下。

- 新建工作簿，将 Tableau 连接数据源"网站内容评估.xls"，转到工作表，
  并将工作表命名为"按页面查看"。
- 为"页面""一级页面""二级页面"创建一个分层结构，命名为"页面
  分层"。
- 将"独立访问量"和"页面分层"字段分别拖曳至"行"功能区和"列"
  功能区，以显示不同页面的独立访问量情况。
- 右击"媒介类型"字段，在弹出的快捷菜单中选择"显示筛选器"选项，
  通过选择不同的媒介，来查看该网页的访问量情况，如图 5-2-2 所示，
  这样，就实现了通过三个维度来查看新访问量的数据情况。

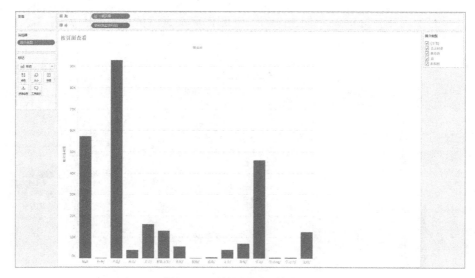

图 5-2-2　"按页面查看"视图

5.2.2　制作"按媒介查看"视图

接下来，我们创建一个视图，按照媒介类型来查看跳出率的情况。除创建分层结构以外，还可以通过设置参数来实现多维度向下钻取或筛选，具体操作如下。

- 新建工作表，并命名为"按媒介查看"。
- 把"页面""一级页面""二级页面"放到一个参数当中：新建参数，命名为"页面选择"，在"数据类型"下拉列表中选择"字符串"选项，"值列表"选区的设置如图 5-2-3 所示。
- 参数创建后，新建一个计算字段，命名为"页面向下分层计算器"，此字段作为筛选器使用，如图 5-2-4 所示。

图 5-2-3　创建参数"页面选择"

图 5-2-4　创建计算字段"页面向下分层计算器"

在公式栏中输入：

$$if \quad [页面选择]= \quad "一级页面" \quad then \quad [一级页面]$$

$$elseif \quad [页面选择]="二级页面" \quad then \quad [二级页面]$$

$$else \quad [页面]$$

$$end$$

- 制作"条形图"的步骤如下。

- 将"独立访问量"字段和"页面向下分层计算器"字段分别拖曳至"列"功能区和"行"功能区。
- 将"媒介类型"字段拖曳至"筛选器"功能区，并右击"媒介类型"字段，在弹出的快捷菜单中选择"显示筛选器"选项。
- 将"跳出率"字段拖曳至"标记"卡下方的"颜色"框，将其度量方式改为"平均值"。
- 将"媒介类型"字段拖曳至"详细信息"框，以在"工具提示"框中显示。
- 编辑"跳出率"字段的颜色，如图 5-2-5 所示。

图 5-2-5　编辑"跳出率"字段的颜色

- 将参数"页面选择"的控件显示出来。

如此，该视图就制作完成了，结果如图 5-2-6 所示。当我们选择不同的页面时，条形图的纵坐标也随之改变，这样可以灵活地查看不同页面的媒介类型有哪些，并且在条形图中可以看到每个媒介类型的平均跳出率及独立访问量的情况。

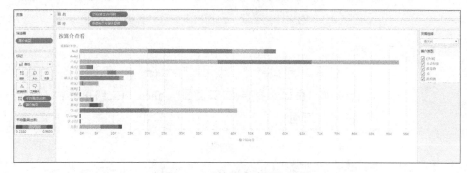

图 5-2-6　"按媒介查看"视图

5.2.3 制作"散点图"视图

通过散点图可以直观地看到独立访问量与新访问量情况，具体操作如下。

- 新建工作表，并将工作表命名为"散点图"。
- 将"独立访问量"字段和"新访问量%"字段分别拖曳至"列"功能区和"行"功能区，并将标记类型改为"圆"。
- 将"跳出率"字段拖曳至"颜色"框，并设度量方式为"平均值"。
- 将"新访客访问页面的数量"字段拖曳至"大小"框。
- 将"页面向下分层计算器"字段拖曳至"详细信息"框。
- 右击"媒介类型"字段，在弹出的快捷菜单中选择"显示筛选器"选项。
- 设置"跳出率"字段的颜色。
- 把参数"页面选择"的控件显示到视图中。

制作完成之后的视图如图 5-2-7 所示，我们可通过点选筛选器，查看散点图中不同的页面等级中新访问量、独立访问量及跳出率的情况。

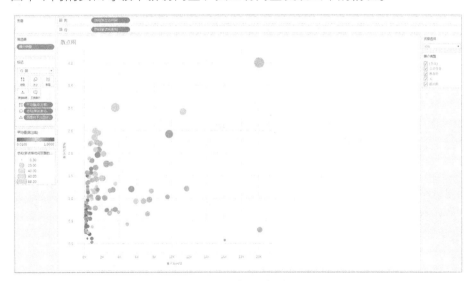

图 5-2-7 "散点图"视图

接下来可按照之前的教程进行仪表板的制作和体验，这里就不再讲述了。

5.3 投资分析图表

扫码看视频

本案例将帮助我们进一步掌握 Tableau 中的参数应用，同时熟悉数学函数在构造新字段时的应用。

打开本书配套的电子文档，找到名称为"投资分析"的 Excel 文件。首先查看本案例的源数据，如图 5-3-1 所示。数据内容分别是公司名称、日期、收盘价格、记录数，本案例利用了上市公司在证券交易所公布的历史数据。本案例的目标是利用 Tableau 分析这些公司的股票价格，了解股价的波动，设置计算器，帮助图表阅读者实现投资增长额的"what-if"分析，即输入投资金额与投资时间，获得投资收益值。

案例完成图如图 5-3-2 所示。

	公司名称	日期	收盘价格	记录数
1				
2	波音公司	1962/1/2	0.24	1
3	中国铝业公司	1962/1/2	0.69	1
4	中国银行	1962/1/2	0.69	1
5	迪士尼	1962/1/2	0.07	1
6	卡特彼勒公司	1962/1/2	1.36	1
7	杜邦公司	1962/1/2	1.52	1
8	惠普公司	1962/1/2	0.14	1
9	IBM	1962/1/2	2.63	1
10	通用电气	1962/1/2	0.18	1
11	可口可乐公司	1962/1/2	0.59	1
12	波音公司	1962/1/3	0.25	1
13	中国铝业公司	1962/1/3	0.7	1

图 5-3-1 投资分析案例的源数据

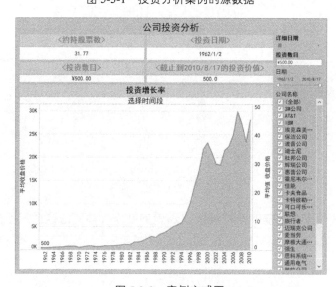

图 5-3-2 案例完成图

5.3.1 制作"投资增长率"视图

首先制作图 5-3-2 中的"冰山图",即绘制"投资增长率",如图 5-3-3 所示。为实现该"冰山图"的制作,必须掌握一些常见函数。

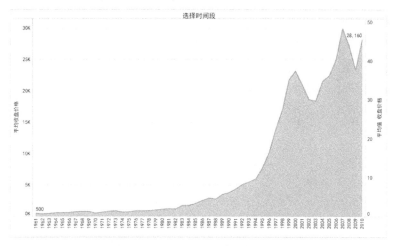

图 5-3-3 "投资增长率"效果图

- 创建字段"选择时间段",目的是当选择不同日期维度,如年、季度或月等时,在"冰山图"中相应的轴上也随即变化。新建一个参数"详细日期",数据类型为"字符串",当前值默认为"周",如图 5-3-4 所示。

图 5-3-4 创建参数"详细日期"

- 创建参数"详细日期"后，创建一个新的计算字段"选择时间段"，如
  图 5-3-5 所示。

在公式栏中输入：

IF [详细日期]="年" THEN DATE(DATETRUNC('year',[日期])) ELSEIF

[详细日期]="季度" THEN DATE(DATETRUNC('quarter',[日期])) ELSEIF

[详细日期]="月" THEN DATE(DATETRUNC('month',[日期])) ELSEIF

[详细日期]="周" THEN DATE(DATETRUNC('week',[日期])) ELSEIF

[详细日期]="天" THEN DATE(DATETRUNC('day',[日期])) END

图 5-3-5　创建字段"选择时间段"

- 创建第二个参数"投资数目"。设置如图 5-3-6 所示。
  - 图 5-3-6 中的显示格式设置为"人民币"格式，如图 5-3-7 所示。

图 5-3-6　创建参数"投资数目"

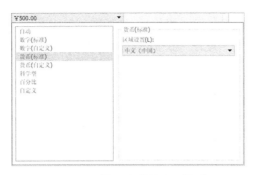

图 5-3-7　设置参数的显示格式

- 创建计算字段"原始投资金额"，如图 5-3-8 所示。

COUNTD（ ）是指返回组中不同项目的数量。

图 5-3-8　创建计算字段"原始投资金额"

- 创建计算字段"原购股票数"，如图 5-3-9 所示。

LOOKUP（expression,[offset]）是指返回目标行中给定表达式的值，

FIRST（ ）是指返回从当前行到分区中第一行的行数。

图 5-3-9　创建计算字段"原购股票数"

- 创建计算字段"平均收盘价格"，如图 5-3-10 所示。

ZN（expression）中如果<expression >不为空，则返回原值，否则返回零。

图 5-3-10　创建计算字段"平均收盘价格"

- 创建字段"最终值"，如图 5-3-11 所示。

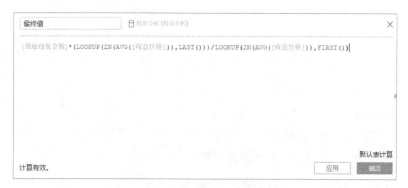

图 5-3-11　创建字段"最终值"

- 创建字段"盈利"，如图 5-3-12 所示。

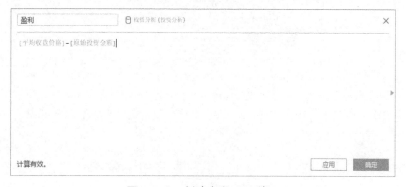

图 5-3-12　创建字段"盈利"

- 创建字段"盈利百分比",如图 5-3-13 所示。

图 5-3-13　创建字段"盈利百分比"

这样计算出的数据是小数格式,将小数格式转换成百分比格式,右击字段"盈利百分比",在弹出的快捷菜单中选择"默认属性"—"数字格式"选项,在弹出的对话框中选择"百分比"选项,设置如图 5-3-14 所示。

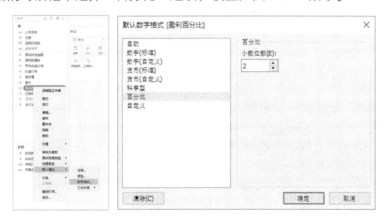

图 5-3-14　数字格式的设置

- 创建字段"首尾值",如图 5-3-15 所示。

图 5-3-15　创建字段"首尾值"

- 制作双轴"冰山图"。将"选择时间段"字段拖曳至"列"功能区，将"平均收盘价格"字段拖曳至"行"功能区。

- 将"收盘价格"字段拖曳至"行"功能区，设置为"平均值"，然后右击，在弹出的快捷菜单中选择"双轴"选项，如图 5-3-16 所示。

- 在工具栏中选择"整个视图"。

图 5-3-16　双轴图的设置

设置完之后，可以看到如图 5-3-17 所示的视图。

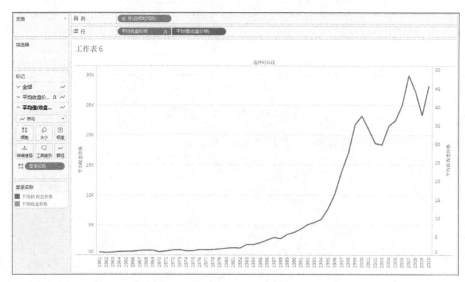

图 5-3-17　双轴"冰山图"

- 设置"标记"。
  - 如图 5-3-18 所示,将"首尾值"字段拖曳至"平均值(收盘价格)"的"标签"框,这样我们可以看到展现出来的是图形中最左端和最右端的数值,标记类型选择"区域"选项,将"平均收盘价格""盈利""盈利百分比"字段拖曳至"详细信息"框,这样我们就可以在"工具提示"框中看到这三个维度的数据。
  - 分别设置"平均收盘价格"及"平均值(收盘价格)"的"颜色"标记。

图 5-3-18 设置"标记"

按照如上操作,形成"投资增长率"视图,如图 5-3-19 所示。

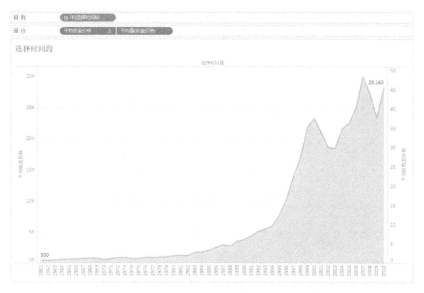

图 5-3-19 "投资增长率"视图

- 对于"工具提示"框中的信息我们可以进行个性化编辑，单击"工具提示"框，弹出如图 5-3-20（a）所示的对话框，"工具提示"框中的信息如何显示，都可在这里设置。注意阴影部分的文字不可修改，但可调整位置，其他地方可修改文字，这里简单设置一下，将"盈利"字段及"盈利百分比"字段放到同一行，设置完成之后如图 5-3-20（b）所示，视图中的"工具提示"框信息显示效果如图 5-3-21 所示。

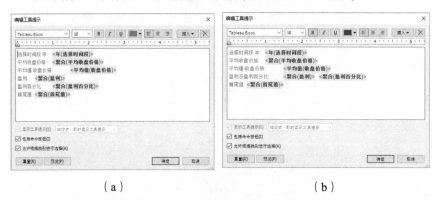

（a）　　　　　　　　　　　　　　　　（b）

图 5-3-20　"工具提示"框信息设置

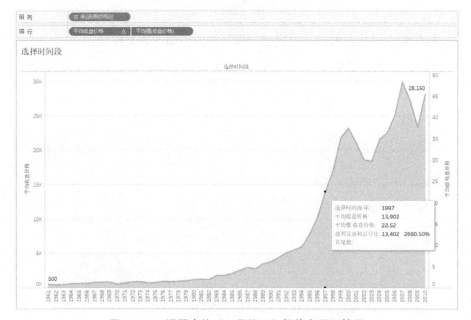

图 5-3-21　视图中的"工具提示"框信息显示效果

- 在查看"平均收盘价格"字段时，可以设置标记来更加清楚地看到某点所对应的刻度线，右击折线部分，执行"标记线"—"显示标记线"命令，然后再次右击折线部分，在弹出的快捷菜单中选择"编辑标记线"—"标签"—"自动"选项，选中折线上某点，效果如图 5-3-22 所示。

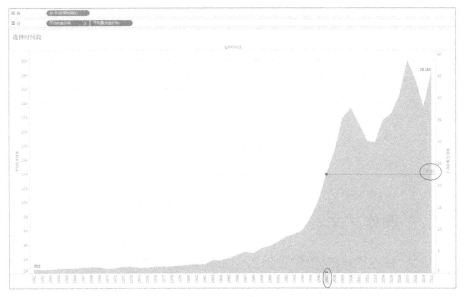

图 5-3-22　标记线的设置

第五步：设置"显示筛选器"选项。

- 将"日期""公司名称"字段拖曳至"筛选器"功能区；其中在"日期筛选器"对话框中选择"日期范围"选项，"公司名称"设置为"应用于工作表"—"使用此数据源的所有项"，这样可应用于全部的工作表。
- 右击"筛选器"功能区中的"日期"和"公司名称"字段，在弹出的快捷菜单中选择"显示筛选器"选项。
- 右击参数"详细日期"，在弹出的快捷菜单中选择"显示参数"选项。

至此，"投资增长率"最终视图已经制作完成，如图 5-3-23 所示。当在右侧的"公司名称"选区中勾选不同的公司，同时拖动滑块选择具体的日期时，在"冰山图"上可以同时看到各公司不同时间段的股票平均价格及平均收盘价格。

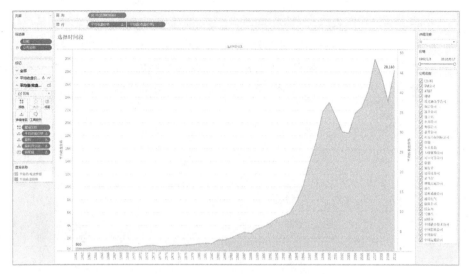

图 5-3-23 "投资增长率"最终视图

5.3.2 制作"文本显示"视图

反映"投资增长率"的"冰山图"制作完成后，还需要设置一些文本框来展示投资数目、约持股票数、投资价值、投资日期，如图 5-3-24 所示。

约持股票数	投资日期
31.77	1962/1/2
投资数目	**截止到2010/8/17的投资价值**
500.0	500.0

图 5-3-24 设置文本框

这里需要用到文本框设置功能，操作步骤如下。

- 新建工作表"投资数目"，如图 5-3-25（a）所示，将"原始投资金额"字段置于文本框中，并且右击参数"投资数目"，在弹出的快捷菜单中选择"显示参数"选项。
- 新建工作表"截止到 2010/8/17 的投资价值"，如图 5-3-25（b）所示，将"最终值"字段置于文本框中。
- 新建工作表"约持股票数"，如图 5-3-25（c）所示，将"原购股票数"

字段置于文本框中。

- 新建工作表"投资日期",如图 5-3-25(d)所示,将"日期"字段置于
  文本框中,设置为"最小(日期)"。

(a)

(b)

(c)

(d)

图 5-3-25 新建工作表

5.3.3　合并视图到一个仪表板中

- 新建一个仪表板，将本节创建的 5 张工作表整合到一个仪表板中，并调整布局。
- 设置背景颜色，执行菜单栏中"仪表板"—"格式"命令，选择一种背景阴影颜色。

至此，该案例制作完成，最后效果如图 5-3-26 所示，你可以操作一下体会使用 Tableau 制作完成的计算器。

图 5-3-26　"公司投资分析"最终效果图

5.4　本章小结

本章中，我们主要通过具体案例讲述了使用 Tableau 进行视图制作时的应用技巧。Tableau 是一款能够有效帮助使用者及阅读者提升业务分析能力和业务洞察力的工具，能够根据不同的业务需求，选用不同的视图来更好地展现并分析数据，因此在制作每张分析图表时，图形的选取极为重要。

5.5 练习

（1）制作完成一个仪表板，除了想在计算机上查看，还想在 iPad 及手机上查看应该怎么做？动手试一试。

（2）利用 5.3 节中投资分析制作的仪表板，定义半年的观察周期，绘制图表。

（3）5.1 节的仪表板筛选器有更合理的展示和分布方式吗？利用水平容器和垂直容器先设计好布局，然后拖动相应仪表板到布局容器中和直接拖动图表到仪表板中比较两种方式的差异。

第**3**部分
成功晋级

通过第 2 部分的学习，你已经能够制作仪表板了，如何将仪表板变成信息交流的利器？在这一部分，我们来一起探讨如何丰富和美化自己的仪表板，最重要的是如何将数据可视化用于公司的业务以提升公司收益。

- 第 6 章　巧用地图
- 第 7 章　美化图表
- 第 8 章　设计动态仪表板
- 第 9 章　客户洞察

第6章

巧用地图

本章你将学到下列知识：

- 如何将地图作为筛选器联动相关数据项的图表。
- 如何在同一张地图上叠加不同的指标。
- 如何通过可视化图形观察各组之间某个指标的差异（以观察医生、手机和网络这三种提交方式的索赔率是否存在差异为例）。
- 如何通过仪表板联动观察不同指标变化对某个特定值对的影响。

6.1 保险业索赔分析

扫码看视频

保险业有着大量的数据分析工作。在保险业中，数据分析技术可以用于客户分析、产品分析、理赔分析、保全分析及风险分析等诸多方面。

数据可视化技术就是从大量数据中展现出隐含的，对决策有潜在价值的模式和关系，为企业经营决策提供依据。通过 Tableau 可以快速地完成对数据的分析，下面以一份模拟的保险数据进行索赔分析。通过前面几章的学习，我们已经了解到 Tableau 包含非常丰富的地图控件，能够与 Google Map 结合使用，还能运用经纬度自行设置标记点，同时掌握了 Tableau 中地图的基本应用，本节重点学习地图较高级的应用。

6.1 节的案例希望了解医生、手机和网络这三种提交方式的索赔率是否存在差异。在这里我们将制作两张地图，一张通过饼图展示各个呼叫中心的各种响应状态所占的比例，另一张用圆形大小展示各个城市的索赔情况。最后将两张地图合并到一起，实现在一张地图上显示两张地图上的不同信息，以达到简化视图，使得展现结果更加生动丰富。

- 将 Tableau 连接到数据源"索赔分析.xls"，如图 6-1-1 所示。

图 6-1-1　导入数据的界面

- 把"省级"字段的地理角色设为"省/市/自治区"；"服务中心"字段和"市级"字段的地理角色设为"城市"。
- 开始绘制第一张地图。双击字段"服务中心"，并将其类型设为"饼图"，把"响应状态"字段和"费用"字段分别拖曳至"颜色"框和"大小"框，如图 6-1-2 所示。
- 把"纬度（自动生成）"字段拖曳至"行"功能区，在此工作表中增加一张地图，如图 6-1-3 所示。

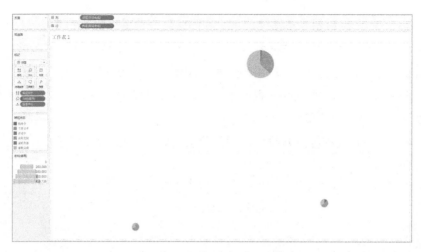

图 6-1-2　第二步完成后的效果图

- 在"标记"卡下面有三个标记："全部""纬度（自动生成）""纬度（自动生成）（2）"。在"全部"标记中操作，表示对两张地图同时做一样的编辑；若打开"纬度（自动生成）"标记，则表示对相应的图形进行单独编辑，"纬度（自动生成）"标记代表的是第一张图，"纬度（自动生成）（2）"标记代表的是第二张图。单击"纬度（自动生成）（2）"标记，选择对第二张地图进行处理。将标记类型设为"圆"，如图 6-1-4 所示，并创建一个新的计算字段"赔付金额比例"，其中"赔付金额比例"=SUM（总支付额）/SUM（总索赔额），字段定义如图 6-1-5 所示。

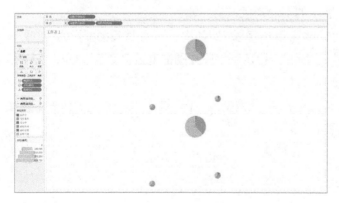

图 6-1-3　增加一张地图　　　　图 6-1-4　切换图形图

图 6-1-5　新建计算字段"赔付金额比例"

- 将"赔付金额比例"字段和"总支付额"字段分别拖曳至"颜色"框和"大小"框，分别展示图形的颜色和大小，将"服务中心"字段从"标记"卡中拖出来，并将"市级"字段拖曳至"详细信息"框，则地图中将以"市"为单位显示地理信息，其视图如图 6-1-6 所示。

图 6-1-6　修改新增地图属性

- 右击"行"功能区中的"纬度（自动生成）（2）"字段，在弹出的快捷菜单中选择"双轴"选项，即将两张地图合并在一张地图上。
- 做到这里，视图显得有些乱，为此可以设置筛选器，每次只显示部分区域的信息，并对图形进行美化及人性化设计。将"区域"字段和"源代码"字段设置为快速筛选器，新建一个仪表板，将此视图拖曳至仪表板。

157

通过快速筛选器，可以灵活地查看各区域、各种源代码的索赔情况，如图 6-1-7 所示。

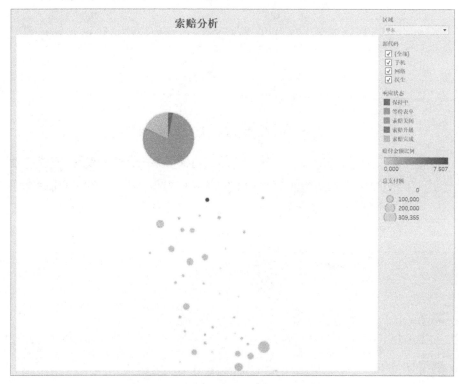

图 6-1-7 "保险业索赔分析"最终效果图

小结

在本节中，通过上面几步简单的操作，我们便完成了保险业的索赔分析，借助已经制作好的仪表板可分析各区域及各种源代码的运营情况及差异。在对地图的操作中，我们首先要设置代表地域信息的字段的地理角色，以及确定要分析的地理单位，如是以"省"为单位，还是以"市"为单位。然后在相应的地理区域上展示相关信息。可以选择用多种颜色或单一颜色的深浅表示每个度量字段在各个地理区域的大小级别，还可以在该地图上增加饼图、圆图等，进一步丰富地理区域上的信息。在这一节尤其要学会将两张地图合并为一张地图的操作，这个功能在实际应用中非常重要。

6.2 房地产估值分析

扫码看视频

如今房地产行业竞争越来越激烈，能更好地把握市场趋势，及时获取信息是提升竞争力的重要保障。目前，很多房地产公司在利用自己的数据进行客户洞察、客户流失分析、潜在客户挖掘、升级服务、营销手段分析、销售预测等。我们可以通过 Tableau 简单快速地从数据中洞察信息、掌握先机。Tableau 简单易学，是快速提升企业数据分析技术比较理想的工具。在这一节中，我们模拟了一份房地产行业的运营数据，通过本案例来掌握 Tableau 在房地产行业中的重要应用。

6.2.1 制作"销售区域分析"视图

在前面章节中，我们已经练习了如何制作地图，为了减少重复，本节对涉及前面已经介绍过的制作地图的操作将进行简单说明。如有疑问，可以翻看前面章节。在这一部分，我们主要学习如何自定义销售区域的分析。由于不同企业对销售区域的定义不同，因此在进行销售区域分析时，不能简单地以"省"或"市"为地理单位进行分析，恰当的做法是按照公司自己定义的销售区域划分地图，分别以不同的颜色表示不同的销售区域。其实，在 Tableau 中实现这一点很简单，只要在原有数据中增加一个定义销售区域的维度即可，这个维度指定了"省"或"市"所属的销售区域。在这个案例中，我们将中国各省市划分成三个销售区域，然后对这三个销售区域进行分析，操作如下。

- 将 Tableau 连接到数据源"估值分析.xls"，进行销售区域分析。
- 把"市级"字段的地理角色设置为"城市"，以生成地图。
- 双击"市级"字段，并将标记类型设为"圆"。
- 根据公司的实际情况划分销售区域，将"销售区域"字段拖曳至"颜色"框，将"销售价格"字段拖曳至"大小"框。
- 为了圆形更加美观，我们可以单击"颜色"框，将边界的颜色设置为白色，这样可以增加视图的层次感。
- 将"销售日期""卧室数量""物业面积""加热面积"字段均拖曳至"详细信息"框，将工作表命名为"销售区域分析"，最后结果如图 6-2-1 所示。

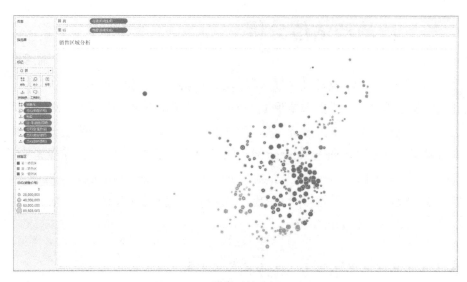

图 6-2-1　"销售区域分析"视图

6.2.2　制作"地域属性分析"视图

制作"地域属性分析"视图的操作如下。

- 新建一张工作表。
- 把"市名（拼音）"字段的地理角色设置为"城市"，双击该字段，或者将该字段直接拖曳至视图区，生成一张地图。
- 标记类型设为"形状"，并把"契约类型"字段拖曳至"形状"框，右击该字段，在弹出的快捷菜单中选择"显示筛选器"选项，将"契约类型"设为"特保型"。
- 把"卧室数量"字段拖曳至"颜色"框。
- 把"编号""销售日期""销售价格"字段均拖曳至"详细信息"框，结果如图 6-2-2 所示。

图 6-2-2 "地域属性分析"视图

6.2.3 制作"月度分析"视图

制作"月度分析"视图的操作如下。

- 新建一张工作表,将其命名为"月度分析"。
- 把"销售价格""加热面积"字段分别拖曳至"列"功能区和"行"功能区。
- 标记类型设为选择"形状",将"契约类型"字段拖曳至"形状"框,将"卧室数量"字段拖曳至"颜色"框。
- 在菜单栏执行"分析"—"聚合度量"命令,取消自动聚合。
- 把"编号""销售日期""物业面积""加热面积""销售价格"字段均拖曳至"详细信息"框。
- 在菜单栏执行"设置格式"—"阴影"命令,为视图区添加一种背景颜色。
- 将"销售价格""销售日期""物业面积""加热面积"字段的筛选器全部显示出来,最后结果如图 6-2-3 所示。

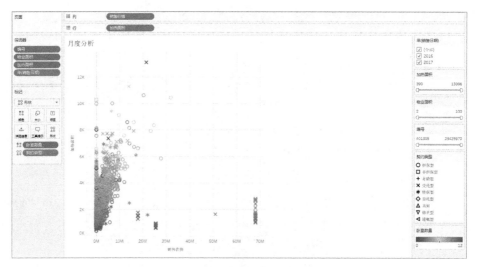

图 6-2-3 "月度分析" 视图

6.2.4 制作估值分析动态仪表板

完成以上几步之后，我们发现一个一个地打开工作表查看信息还是有些不方便，因此可以将前面几张工作表整合到一个仪表板中显示。操作步骤如下。

- 新建一个仪表板。
- 把前面完成的三张工作表拖曳至仪表板中。
- 调整三张工作表的位置。
- 将 "地域属性分析" 视图设置为筛选器。
- 在菜单栏执行 "设置格式" — "阴影" 命令，为仪表板添加一种背景颜色。

最后效果如图 6-2-4 所示，在图 6-2-4 中我们可以进行各种维度的查询分析，并向下钻取到底层数据。

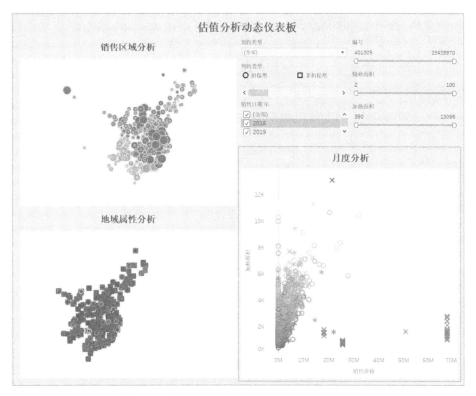

图 6-2-4 "估值分析动态仪表板"最终效果图

6.3 本章小结

本章主要介绍了两张地图的合并功能及地图在区域分析中的应用。工作中可能常常会用到地图进行各分公司或各区域客户的分析，为了满足更多的需求，我们将在后面讲述地图的更多应用及更强大的功能。

6.4 练习

（1）利用 6.1 节中的双轴功能绘制环形图，字段自选。

（2）调整两张地图的顺序，尝试看能否加入第三张地图，确认是否可以叠加第三个指标？

（3）在 6.1 节的仪表板中添加标签、调整图形的颜色搭配、去除表示大小的图例。

（4）如何将 6.2 节制作过程中出现的"未知值"手动匹配？

第 **7** 章

美化图表

本章你将学到下列知识：

- 如何通过散点图检测异常情况。
- 如何通过数值参数控制异常值阈值。
- 如何把多数据源的数据进行融合。
- 如何自定义动态提示。
- 如何通过甘特图发现实际值和目标值的差异。
- 如何在图表中添加字段动画。

7.1　保险业欺诈检测

扫码看视频

这也是一个保险业的案例，通过一份模拟的数据进行欺诈检测。在保险业中，数据分析技术主要用于新客户的获取分析、产品的购物篮分析、客户洞察、客户流失、欺诈检测分析等。我们将通过气泡图对欺诈行为进行可视化分析。在这一节，我们将进一步学习参数的创建及应用。

- 打开 Tableau 并连接到数据源"欺诈检测.xls"。创建两个新的字段，"赔付金额比例"和"总事故数"。
  - 右击"度量"列表框中的字段"总支付额"，在弹出的快捷菜单中选择"创建计算字段"选项，将创建的字段命名为"赔付金额比例"，其中"赔付金额比例"=SUM（总支付额）/SUM（总索赔额），其设置如图 7-1-1 所示。

图 7-1-1　创建计算字段"赔付金额比例"

- 右击"度量"列表框中的字段"保险单号"，在弹出的快捷菜单中选择"创建计算字段"选项，将创建的字段命名为"总事故数"，其中"总事故数"=COUNT（保险单号），其设置如图 7-1-2 所示。

图 7-1-2　创建计算字段"总事故数"

- 创建一个可结合实际调整的参数，将其命名为"可控指数"。在变量框中右击，在弹出的快捷菜单中选择"创建参数"选项，数据类型定义为"浮点"，最小值、最大值分别定义为 0.5 和 0.9，如图 7-1-3 所示。

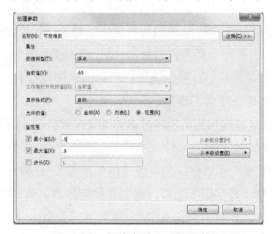

图 7-1-3　创建参数"可控指数"

- 创建一个计算字段来判断"赔付金额比例"是否大于创建的"可控指数",并将该字段命名为"阈值判别",其操作如图 7-1-4 所示。

图 7-1-4 创建计算字段"阈值判断"

- 新建一张工作表,进行保险业欺诈检测可视化分析。将"总索赔额"字段和"总事故数"字段分别拖曳至"列"功能区和"行"功能区。
- 标记类型设为"形状",并在"形状"中选择"人形"图标,使视图较为形象生动。
- 将"阈值判别""总支付额"字段分别拖曳至"颜色"框和"大小"框,分别表示图形的颜色和大小。
- 再把"市级"字段拖曳至"详细信息"框,并在视图区中右击,在弹出的快捷菜单中选择"趋势线"—"显示趋势线"选项。
- 在视图区中右击,在弹出的快捷菜单中选择"趋势线"—"编辑趋势线"选项,取消勾选"显示置信区间"复选框。
- 在菜单栏中执行"设置格式"—"阴影"命令,为视图添加一种背景颜色[①],结果如图 7-1-5 所示。

---

① 注:本章后文中在涉及为某视图添加某种阴影作为背景颜色时,不再说明具体操作,而直接以"添加一种背景颜色"代替。

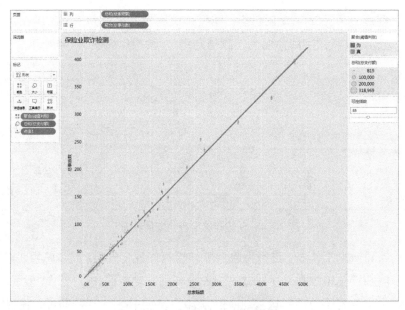

图 7-1-5 第二步完成效果图

- 分别显示"总索赔额""总支付额""区域"和"可控指数"字段的快速筛选器，方便操作分析视图；最后将此视图置入一个新建的仪表板中，结果如图 7-1-6 所示。

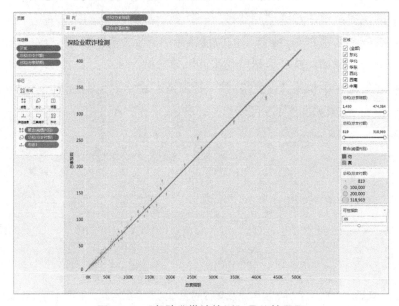

图 7-1-6 "保险业欺诈检测"最终效果图

7.2 生产分析

扫码看视频

制造业有着非常复杂烦琐的数据，数据可视化在制造业中有着极其重要的作用，提升设备利用率、优化资源组合对提升企业运营效率、增加企业收益有着重要意义。这一节我们模拟了两台机器的生产运营数据，对其相关问题进行分析。借助这个案例，我们将重点讲述 Tableau 的数据融合功能，甘特图、子弹图的应用及各工作表之间的联动筛选功能。

7.2.1 制作"订单分析"视图

在这一部分，我们对订单数据进行处理，集中挖掘计划生产量与实际生产量之间的相关关系，并展示订单中主要指标的信息，从而把繁杂的订单数据表转化成美观易懂的图表。

- 打开 Tableau 并连接到数据源"工艺生产分析.xls-订单数据.sheet"，在数据窗口中，将"机型""订单号"字段从"度量"列表框拖放到"维度"列表框。
- 根据已有字段构造两个新的字段，分别是"实际停机时间"和"实际产量"。其操作步骤如下。
    - 右击"度量"列表框中的"记录停机时间"字段，在弹出的快捷菜单中选择"创建计算字段"选项，创建字段"实际停机时间"。其中，"实际停机时间"＝"记录停机时间"＋"未记录停机时间"，设置如图 7-2-1 所示。
    - 右击"度量"列表框中的"过生产量"字段，在弹出的快捷菜单中选择"创建计算字段"选项，创建字段"实际产量"。其中，"实际产量"＝"过生产量"＋"常规生产量"，设置如图 7-2-2 所示。

图 7-2-1　创建计算字段"实际停机时间"

图 7-2-2　创建计算字段"实际产量"

- 分别把字段"差异（元）"和"计划产量"拖曳至"行"功能区和"列"功能中，把"机型"字段拖曳至"颜色"框。
- 标记类型设为"圆"，并设置圆形"边界"来美化视图。
- 再把"订单号""开始时间""预计停机时间""实际停机时间""实际产量""实际设置时间（时）""预期设置时间（时）""实际运行时间（时）"和"预计运行时间（时）"字段拖曳至"详细信息"框。其中将"开始时间"字段格式设置为"年/月/日"，结果如图 7-2-3 所示。

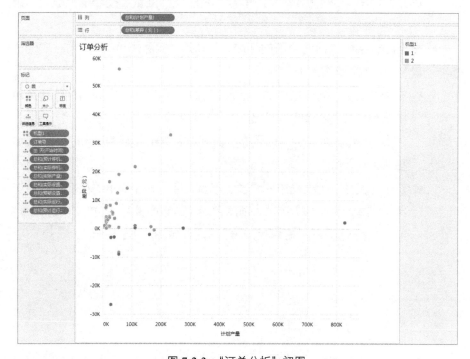

图 7-2-3　"订单分析"初图

- 本工作表中展示的字段很多，为方便查看"工具提示"中的信息，可以
  将预计值和实际值并列对比显示，如此简洁直观，其操作步骤如下。
  - 单击菜单栏中"工作表"菜单，选择"工具提示"选项，弹出如
    图 7-2-4 所示的对话框。

图 7-2-4 "订单分析"工具提示设置

  - 调整对话框中字段的顺序对工具提示进行个性化设置（注意，阴影
    文字不能修改，但若不需显示，可删除）。这里，我们把"订单号"
    字段剪切放到最上面，把其他字段的实际值和预计值放在一行并用
    斜杠"/"隔开以对比显示。编辑后的"订单分析"如图 7-2-5 所示。

图 7-2-5 编辑后的"订单分析"

当在视图中将鼠标指针移至某点时，"订单分析"最终效果图如图 7-2-6 所示。

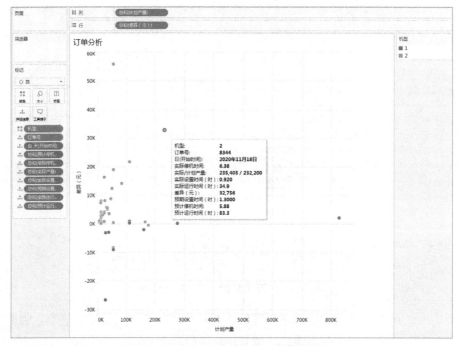

图 7-2-6　"订单分析"最终效果图

7.2.2　制作"差异分析"视图

我们再次使用订单数据进行预计值与实际值的差异分析。在上面的订单分析中，我们通过散点图集中展示了主要指标的情况。下面我们通过子弹图和直方图来分析预计值与实际值的差异情况。

- 创建一个参数，将其命名为"度量"。在"度量"列表框中的空白处右击，在弹出的快捷菜单中选择"创建参数"选项，弹出的对话框如图 7-2-7 所示。

图 7-2-7　创建参数"度量"

- 创建 4 个新的字段，分别是"度量单位""度量指数""期望度量值"和"实际度量值"，步骤如下。
  - 右击"度量"参数，在弹出的快捷菜单中选择"创建计算字段"选项，创建计算字段"度量单位"，具体设置如图 7-2-8 所示。

图 7-2-8　创建计算字段"度量单位"

  - 右击"度量"参数，在弹出的快捷菜单中选择"创建计算字段"选项，创建计算字段"期望度量值"，具体设置如图 7-2-9 所示。

图 7-2-9　创建计算字段"期望度量值"

- 右击"度量"参数，在弹出的快捷菜单中选择"创建计算字段"选项，创建计算字段"实际度量值"，具体设置如图 7-2-10 所示。

图 7-2-10　创建计算字段"实际度量值"

- 右击"度量"参数，在弹出的快捷菜单中选择"创建计算字段"选项，创建计算字段"度量指数"，具体设置如图 7-2-11 所示。

图 7-2-11　创建计算字段"度量指数"

- 在"标记"卡处将标记类型设为"条形图"，把"期望度量值"字段和"开始时间"字段分别拖曳至"列"功能区和"行"功能区，将"期望度量值"字段的聚合改为"平均值"。右击"行"功能区中的"开始时间"字段，将其设置为连续类型"天"，并将其转换为"离散"。

- 把"实际度量值""度量单位""度量指数"和"度量"字段均拖曳至"详细信息"框，结果如图 7-2-12 所示。

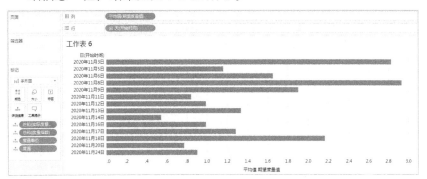

图 7-2-12 "差异分析"条形图

- 将条形图变成子弹图，完成预计值与实际值的差异分析。步骤如下。
  - 右击"期望度量值"字段的坐标轴下方，在弹出的快捷菜单中选择"添加参考线、参考区间或框"选项，弹出如图 7-2-13 所示的对话框。

图 7-2-13 "添加参考线、参考区间或框"对话框

  - 在这里，有三种参考线可以添加，我们将添加第一种和第三种，分别用"标签"和"颜色"对实际值和预计值进行清晰的对比，其设置 1

和设置 2 分别如图 7-2-14 和图 7-2-15 所示。

最终，得到如图 7-2-16 所示的"差异分析"子弹图，图中我们可以看到，预计值是多少，实际完成与否，实际值与目标值的差距程度怎么样等。

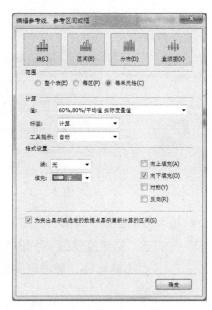

图 7-2-14　编辑参考线的设置 1　　　　　图 7-2-15　编辑参考线的设置 2

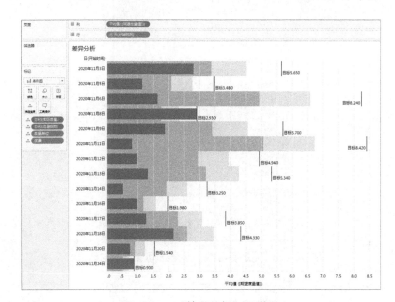

图 7-2-16　"差异分析"子弹图

7.2.3 制作"机器状态分析"视图

在这一部分，我们利用机器状态的记录数据，对机器的状态进行分析，了解机器的使用状态，可以快速发现正常且没有任务的机器，进而辅助决策机器的分配，具体操作如下。

- 将 Tableau 连接到数据源"工艺生产分析.xls-机器状态记录 sheet"，在数据窗口中，将"订单号"字段从"度量"列表框拖曳至"维度"列表框。
- 新建一张工作表，对机器的状态进行分析。
- 定义两个新的字段，分别是"持续时间（分）"和"持续时间（天）"，其设置分别如图 7-2-17 和图 7-2-18 所示。
- 将标记类型设为"甘特条形图"，把"开始时间"字段拖曳至"列"功能区，并将其格式设置为"精确日期"，把"状态"字段拖曳至"行"功能区。
- 再将"状态"字段拖曳至"颜色"框。
- 将"持续时间（天）"字段拖曳至"大小"框。
- 将"订单号""结束时间"和"持续时间（分）"字段拖曳至"详细信息"框。
- "机器状态图"视图如图 7-2-19 所示。

图 7-2-17 创建计算字段"持续时间（分）"

图 7-2-18 创建计算字段"持续时间（天）"

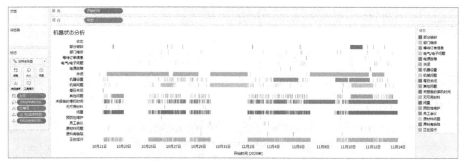

图 7-2-19 "机器状态图"视图

7.2.4 制作生产分析动态仪表板

这一部分，我们开始制作生产分析动态仪表板。首先，新建一个仪表板，将前面做好的三个工作表添加到仪表板中。然后，单击"订单分析"视图右上角的下拉按钮，选择"用作筛选器"选项，把"订单分析"视图设置为筛选器。接着，为整个仪表板添加一种背景颜色。最后，"生产分析动态仪表板"最终效果图如图 7-2-20 所示。

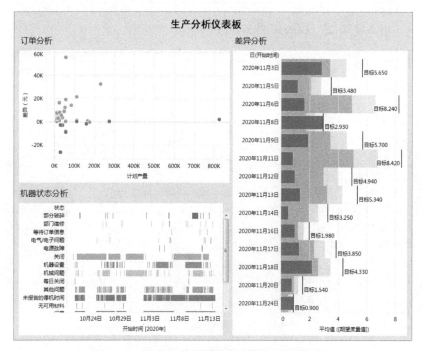

图 7-2-20 "生产分析动态仪表板"最终效果图

7.3 资源组合分析

扫码看视频

在本节,我们将通过一份模拟的资源行业数据,全面地展示趋势图的美化及趋势线、参考线的设计。操作步骤如下。

- 将 Tableau 连接到数据源"资源组合分析.xls",在数据窗口中,将"地名"字段从"度量"列表框拖曳至"维度"列表框。
  - 将"累积石油量(立方米)"字段和"累积水量(立方米)"字段分别拖曳至"行"功能区和"列"功能区。
  - 在"标记"卡中将标记类型设为"形状"。
  - 为了更加美观,将"形状"设为 ☁ 图标。
  - 将"地名"字段和"年份"字段拖曳至"详细信息"框,结果如图 7-3-1 所示。

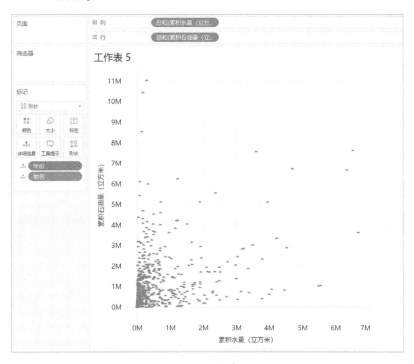

图 7-3-1 完成图

- 设置参考线，步骤如下。
  - 右击横轴下方区域，在弹出的快捷菜单中选择"添加参考线"选项，设置 1 如图 7-3-2 所示。
  - 右击纵轴左方区域，在弹出的快捷菜单中选择"添加参考线"选项，设置 2 如图 7-3-3 所示。

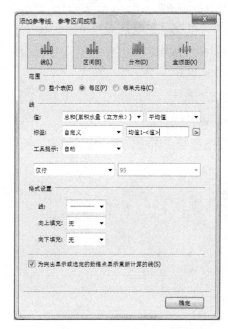

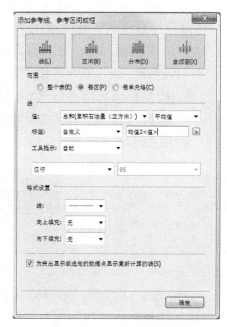

图 7-3-2　添加参考线设置 1　　　　图 7-3-3　添加参考线设置 2

- 在视图中添加一条趋势线。在视图区右击，执行"趋势线"—"显示趋势线"命令。右击"趋势线"—"编辑趋势线"命令，取消勾选"显示置信区间"复选框。
- 为视图添加一种背景颜色，结果如图 7-3-4 所示。

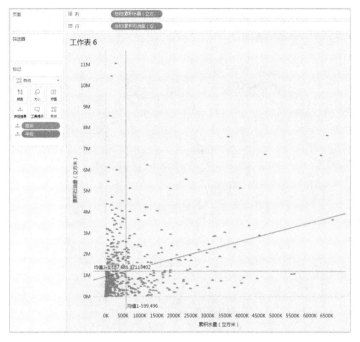

图 7-3-4 添加背景颜色图

- 从图 7-3-4 中发现一元线性曲线拟合不是很好，我们先选中这条趋势线再右击，在弹出的快捷菜单中选择"编辑趋势线"选项，如图 7-3-5 所示。

图 7-3-5 编辑趋势线

尝试用不同类型的曲线进行拟合，如三次曲线，结果如图 7-3-6 所示，可见拟合效果较好。

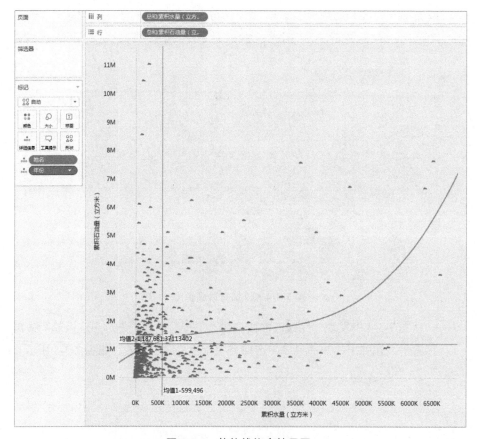

图 7-3-6　趋势线拟合效果图

- 还可以添加其他辅助分析的参考线，如置信曲线、四分位线等。步骤如下。
  - 右击横轴下方区域，在弹出的快捷菜单中选择"编辑参考线、参考区域或框"选项，设置 3 如图 7-3-7 所示。
  - 右击纵轴左方区域，在弹出的快捷菜单中选择"编辑参考线、参考区域或框"选项，设置 4 如图 7-3-8 所示，然后，我们得到如图 7-3-9 所示的视图。

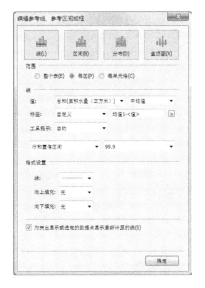

图 7-3-7 添加参考线设置 3

图 7-3-8 添加参考线设置 4

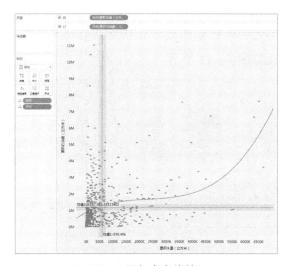

图 7-3-9 添加参考线效果图

- 添加快速筛选器，右击"年份""断块类型"和"水率（升/天）"字段，选择"显示筛选器"选项。

- 制作播放器。再次将"年份"字段从左侧"维度"列表框中拖曳至"页面"框中，单击◀■▶图标中的左侧或右侧键，可按照年份逐年播放，结果如图 7-3-10 所示。

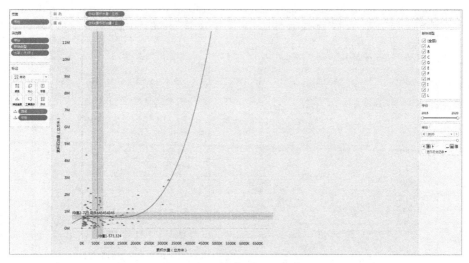

图 7-3-10 "资源组合分析"视图

- 最后，新建一个仪表板，将刚做好的工作表添加到仪表板中。
- 为仪表板添加一个标题。
- 为仪表板添加一种背景颜色，同时调整各部分的位置，"资源组合分析"
  最终效果图如图 7-3-11 所示。

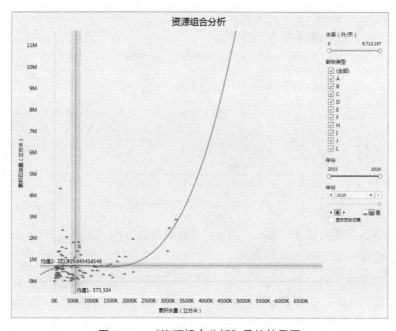

图 7-3-11 "资源组合分析"最终效果图

7.4 本章小结

本章主要介绍了折线图、散点图等趋势图的应用。趋势图主要是用来反映数据的模式、关系和异常的，尤其是异常数据。本章的三个例子很好地阐述了趋势图的应用及美化。

7.5 练习

（1）在 7.1 节中调整参数"可控指数"值的范围，观察异常值情况。

（2）在 7.3 节中的"编辑趋势项"中使用其他模型类型，观察哪个拟合效果最好。

（3）从网上找个水滴的图标，在 7.3 节的分析中将"形状"更改为该图标。

（4）建立一个独立的文件，在文件中创建参数字段，将 7.1 节的参数修改为"从字段设置"。

（5）思考在什么样的场景下从字段配置参数比较好。

（6）挑选 7.2 节中详细信息字段更换到大小，丰富散点图视觉维度进行分析，看能否发现有趣的信息。

第**8**章

设计动态仪表板

本章你将学到下列知识：

- 如何利用动态仪表板观察分析员工年龄结构，提前做继任规划。
- 如何使用"操作"功能高亮联动进行资产情况的监控。
- 如何增加图表平均值参考线观察相对平均水平的状态。

8.1 人力资源可视化分析

扫码看视频

这是一个人力资源方面的案例，一个公司的职员越多，其人员的分配更替越是困难，而通过 Tableau 可以快速分析识别公司的人员特征，比如，人员在各部门的分配情况、是否达到退休年龄等。我们模拟了一份数据，在本节中，我们将通过这个案例来演示如何利用动态仪表板进行数据分析。

8.1.1 制作"职工特征散点图分析"视图

在这一部分，我们通过散点图并结合颜色展现职工的主要特征，如职工的编号、年龄、所在部门等。操作步骤如下。

- 将 Tableau 连接到数据源"继任规划.xls"，进行职工特征散点图分析。
- 在数据窗口中，将"职工编号"字段从"度量"列表框拖曳至"维度"列表框，右击"年龄"字段，在弹出的快捷菜单中选择"转换为离散"选项。

- 将"年龄"和"职工编号"字段分别拖曳至"列"功能区和"行"功能区，右击"职工编号"字段将其度量方式设为"计数"。
- 标记类型设为"圆"。
- 将"部门"字段拖曳至"颜色"框。
- 将"性别"和"任期"字段拖曳至"详细信息"框，右击"任期"字段，将其度量方式设为"平均值"。

最后结果如图 8-1-1 所示。

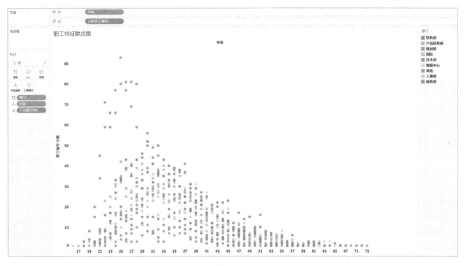

图 8-1-1 "职工特征散点图分析"视图

8.1.2 制作"职工年龄条形图分析"视图

首先，我们复制一下上一个工作表，只需在标签栏处右击上一工作表，在弹出的快捷菜单中选择"复制工作表"选项即可，复制完成后进行如下操作。

- 将标记类型改为"条形图"，进行职工年龄条形图分析。
- 然后将"性别"字段和"任期"字段从"详细信息"框拖曳至视图区。

最后结果如图 8-1-2 所示。

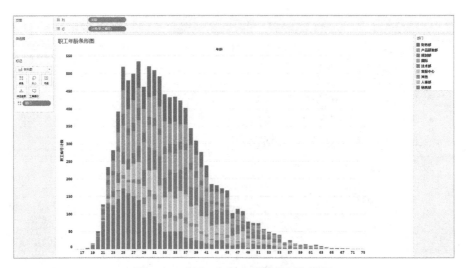

图 8-1-2 "职工年龄条形图分析"视图

8.1.3 制作"离退分析"视图

这一部分，我们借助条形图分析各个职工距离退休的时间，进而辅助人事部门进行人事方面的准备和调整。操作步骤如下。

- 构造一个参数和两个新的字段，分别是："退休年龄"（参数）、"离退年"、"离退年份"字段。操作步骤如下。
  - 在参数设置区域右击空白处，在弹出的快捷菜单中选择"创建参数"选项，将该参数命名为"退休年龄"，其设置如图 8-1-3 所示。

图 8-1-3 创建参数"退休年龄"

- 在"参数"列表框中右击"退休年龄"参数,在弹出的快捷菜单中选择"创建计算字段"选项,创建字段"离退年"。其中,"离退年"="退休年龄"—"年龄",具体设置如图 8-1-4 所示。

图 8-1-4　创建计算字段"离退年"

- 在"度量"列表框中的空白处右击,在弹出的快捷菜单中选择"创建计算字段"选项,创建"离退年份"字段,具体设置如图 8-1-5 所示。

图 8-1-5　创建计算字段"离退年份"

- 将"职工编号"字段和"离退年"字段分别拖曳至"列"功能区和"行"功能区,右击"离退年"字段,在弹出的快捷菜单中选择"维度"选项。
- 标记类型设为"条形图"。
- 将"部门"字段拖曳至"颜色"框。
- 将"离退年份"字段拖曳至"详细信息"框,右击"离退年份"字段,在弹出的快捷菜单中选择"维度"选项。
- 右击"退休年龄""任期""离退年""离退年份"字段,在弹出的快捷菜单中选择"显示筛选器"选项,方便查看。

最后结果如图 8-1-6 所示。

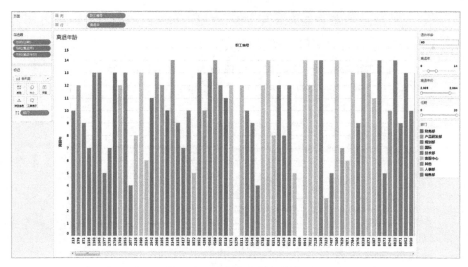

图 8-1-6 "离退分析"视图

8.1.4 制作继任规划动态仪表板

完成以上几步之后，我们开始制作动态仪表板，使多方面的信息在一个视图中动态地展示。操作步骤如下。

- 新建一个仪表板，将刚刚做好的三张工作表添加到仪表板中。
- 调整这三张工作表的位置及大小，使其合理美观。
- 可在左上角"大小"选区中调整仪表板的大小，如图 8-1-7 所示。
- 根据视图风格，为整个仪表板添加一种背景颜色，使其更加美观生动，"继任规划动态仪表板"最终的效果如图 8-1-8 所示。

图 8-1-7 设置尺寸

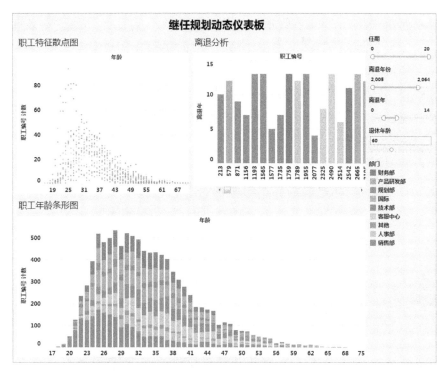

图 8-1-8 "继任规划动态仪表板"最终效果图

8.2 资产监控

扫码看视频

在这一节,我们通过一个资源行业的案例,进一步讲述仪表板的设计技巧。数据来自某资源公司控制台的资产监控记录。资源的分析侧重于地理区域,要考虑当地的人力资源、法律问题等。我们可以通过 Tableau 强大的突显功能和筛选功能将地理信息与其他分析融合起来,实现企业信息的自动更新。

8.2.1 制作"年度分析"视图

在这一部分,我们将使用面积图对每年的累积石油量进行分析,且通过颜色筛选使每年的信息更加直观。操作步骤如下。

- 将 Tableau 连接到数据源"资源监控.xls",进行年度分析。

- 新建一张工作表，在数据窗口将"地名编号"字段从"度量"列表框拖曳至"维度"列表框，右击"年份"字段，在弹出的快捷菜单中选择"转换为离散"选项。
- 将"日期"字段和"累计石油量（立方米）"字段分别拖曳至"列"功能区和"行"功能区，并把"日期"字段的格式设置为"精确日期"。
- 将标记类型设为"区域"。
- 将"年份"字段拖曳至"颜色"框。
- 将"地名"字段拖曳至"详细信息"框，结果如图 8-2-1 所示。

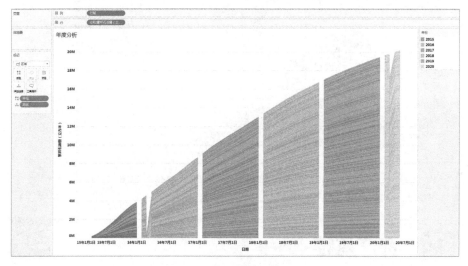

图 8-2-1　"年度分析"视图

8.2.2　制作"地域分析"视图

在这一部分，我们通过条形图及颜色筛选，制作更加美观的图形，展示各地的累积石油量。操作步骤如下。

- 打开一个新的工作表，进行地域分析。
- 将"地名编号""累积石油量（立方米）"字段分别拖曳至"列"功能区和"行"功能区。
- 标记类型设为"条形图"。
- 将"地名编码"字段拖曳至"颜色"框，结果如图 8-2-2 所示。

- 添加一条参考线，右击纵坐标区域，在弹出的快捷菜单中选择"添加参考线"选项，具体设置如图 8-2-3 所示。

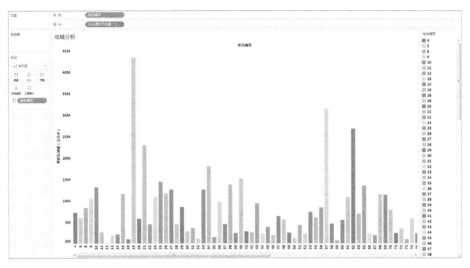

图 8-2-2 "地域分析"条形图

图 8-2-3 添加参考线

- 单击"确定"按钮最后，得到的"地域分析"视图如图 8-2-4 所示。

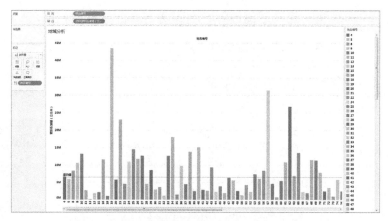

图 8-2-4 "地域分析"视图

8.2.3 制作"全局分析"视图

在这一部分，我们将通过地图来直观地展示该公司在各地的累积石油量。
其操作如下。

- 新建一张工作表。
- 在数据窗口中右击"地名"字段，在弹出的快捷菜单中执行"地理角色"
  —"城市"命令，或者双击"地名"字段。
- 标记类型设为"圆"。
- 将"地名"字段和"累积石油量（立方米）"字段分别拖曳至"颜色"
  框和"大小"框，结果如图 8-2-5 所示。

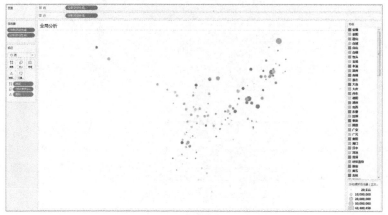

图 8-2-5 "全局分析"视图

8.2.4 制作资源监控动态仪表板

完成以上几步后，新建一个仪表板，开始制作资源监控动态仪表板，将多个不同视图放在一个视图中动态显示，并通过突出显示和筛选器增加视图的交互性和可视性。其步骤如下。

- 将前面制作的三张工作表拖曳至仪表板，并适当调整其位置及大小。
- 单击"全局分析"视图右上角下拉按钮，选择"用作筛选器"选项。
- 选择菜单栏"仪表板"菜单中的"操作"选项[①]，弹出如图 8-2-6 所示的对话框，为仪表板内的视图添加筛选器和突出显示动作，以使仪表板更具交互性。
- 单击"添加操作"按钮，选择"筛选器"选项，添加筛选功能，具体设置如图 8-2-7 所示。
- 单击"添加操作"按钮，选择"突出显示"选项，添加突出效果，具体设置如图 8-2-8 所示。

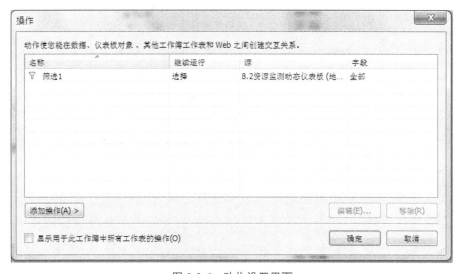

图 8-2-6　动作设置界面

---

① 注：这里对"操作"的使用略作介绍，在本书第四部分有关章节中，将会对此做详细介绍。

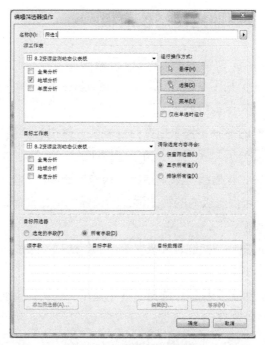

图 8-2-7　编辑筛选器操作

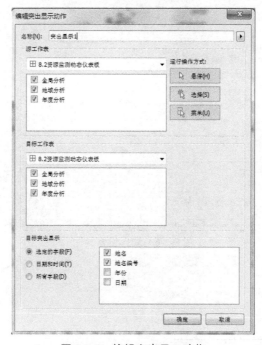

图 8-2-8　编辑突出显示动作

- 调整视图颜色，使仪表板更加生动形象，"资源监控动态仪表板"最终
  效果图如图 8-2-9 所示。

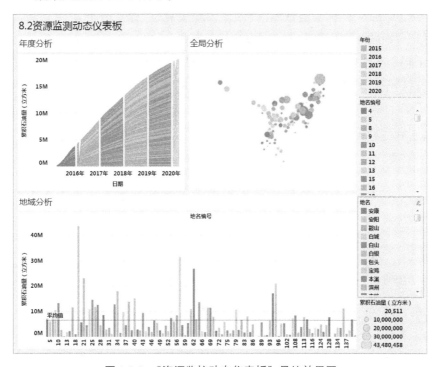

图 8-2-9 "资源监控动态仪表板"最终效果图

8.3 本章小结

本章主要介绍了如何设计仪表板。通过仪表板，我们可以把多个工作表放在一起对比分析，还可以通过筛选和突显等功能将多个工作表关联起来，做更高级的分析。通过仪表板的使用和设计，能够提交出更完美的报告。

8.4 练习

（1）在 8.1 节中，将离退分析图表，更改为距离退休年份的比重结构。

（2）在 8.2 节的"地域分析"视图中添加每区两个标准差参考范围的分布，并显示标准差的具体值。

（3）添加"操作"，当悬停在 8.2 节仪表板中的"全局分析"工作表时，突出显示"地域分析"字段和"年度分析"字段。

（4）"操作"中提供的"筛选器""突出显示""URL"三者有什么区别？各自适用于什么样的情况？

（5）如果不仅仅是在仪表板中实现操作，而是想将此操作也在单个的工作表之间进行跳转，应该如何设置"源工作表"和"目标工作表"选区？

第 **9** 章

客户洞察

本章你将学到下列知识：

- 添加多项式曲线观察不同区域注册人数和目标完成人数（有响应）的关系。
- 如何使用交叉热力图表观察购物偏好。
- 如何用堆积条形图分析游戏用户进程的结构。

9.1 网站客户洞察

网站是一个企业的门户，也是其生命线。它不仅可以帮助企业建立自己的品牌，并能把访问者变成企业客户。由于大型门户网站的数据量相当之大，因此部分数据分析软件无用武之地，而 Tableau 可以轻松完成海量数据的可视化并实现相关分析。在这一节，我们将通过某网站的模拟数据，对其访问者进行客户洞察分析。

9.1.1 制作"各省销售"树图

在这一部分，通过树图中各省颜色的深浅和大小展示各省的访问情况，操作如下。

- 将 Tableau 连接到数据源"网站客户数据.xls"，将"类型编号"字段从"度量"列表框拖曳至"维度"列表框。
- 右击"省级"字段将其匹配对应级别的地理角色。

- 双击"省级"字段或将"省级"字段直接拖曳至视图区，生成一张地图。
- 将"访问量"字段拖曳至"颜色"框，结果如图 9-1-1 所示。
- "智能推荐"选择"树图"。

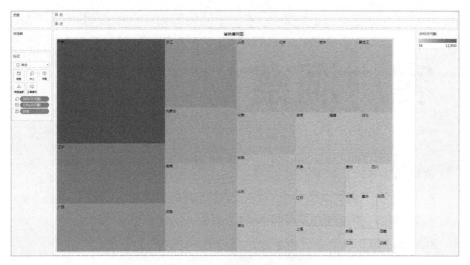

图 9-1-1　"各省销售"树图

9.1.2　制作"序列分析"视图

在这一部分，我们将通过面积图并结合颜色筛选的方法展示访问量的时间序列趋势及各类媒介的访问情况。其操作如下。

- 新建一张工作表，进行序列分析。
- 将"日期"字段拖曳至"列"功能区，并将其格式设为连续的"字段"形式。
- 将"访问量"字段拖曳至"行"功能区。
- 将标记类型设为"区域"。
- 将"媒介"字段拖曳至"颜色"框。
- 为视图添加一种背景颜色，最后结果如图 9-1-2 所示。

9.1.3　制作散点图

在这一部分，我们借助散点图展示"访问量"字段与"目标完成"字段的相关关系，并通过趋势线绘制出两者的拟合曲线。操作步骤如下。

- 新建一张工作表。
- 创建一个新的计算字段"转化率"，其中"转化率"=SUM（目标完成）
  /SUM（访问量），具体如图 9-1-3 所示。

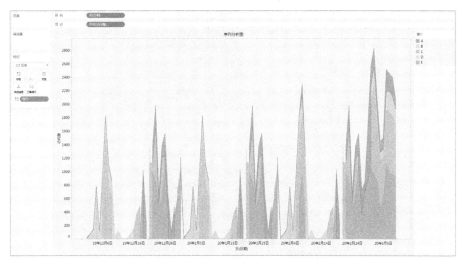

图 9-1-2 "序列分析"视图

图 9-1-3 创建计算字段"转化率"

- 将"访问量"字段和"目标完成"字段分别拖曳至"列"功能区和"行"
  功能区。
- 将标记类型设为"圆"。
- 将"媒介"字段拖曳至"颜色"框。
- 将"来源""类型"和"转化率"字段均拖曳至"详细信息"框。
- 将"区域""上网时长""目标完成"字段分别拖曳至"筛选器"功能区，

右击选择"显示筛选器"选项。

- 最后，在散点图上添加趋势线，步骤如下。
  - 右击视图区任意位置，在弹出的快捷菜单中选择"趋势线"选项。
  - 选中视图中的"趋势线"，右击，在弹出的快捷菜单中选择"编辑趋势线"选项，进行如图 9-1-4 所示修改。

图 9-1-4　编辑趋势线

- 单击"确定"按钮，最后，散点图视图如图 9-1-5 所示。

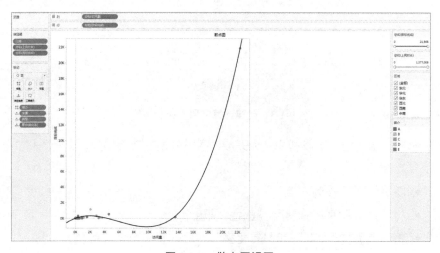

图 9-1-5　散点图视图

9.1.4 制作动态仪表板

完成以上几步之后，我们创建一个仪表板将以上多个视图整合到一个仪表板中，增加几张工作表之间的交互性，使分析更加直观，其步骤如下。

- 新建一个仪表板。
- 将前面制作的三张工作表添加到仪表板。
- 将"各省销售树图"设置为筛选器：单击"地图"视图右上角下拉按钮，选择"用作筛选器"选项。
- 添加一个动作：单击菜单栏"仪表板"菜单，选择"操作"选项，添加"突出显示"动作，具体设置如图 9-1-6 所示。
- 调整仪表板内各视图的位置及大小，并为仪表板添加一种背景颜色，使仪表板更加生动美观，最后结果如图 9-1-7 所示。

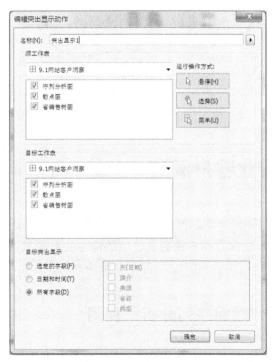

图 9-1-6　突出显示动作

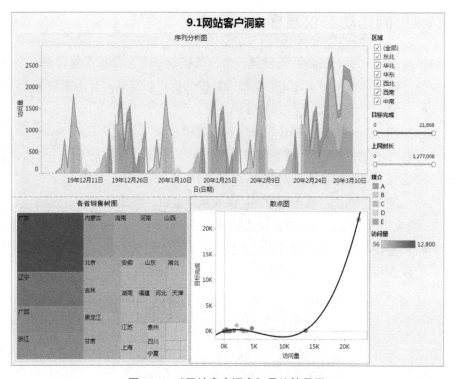

图 9-1-7 "网站客户洞察"最终效果图

9.2 零售业客户洞察

扫码看视频

本节展示一个零售业的案例，该行业的数据基本都是 TB 级以上的。零售商能否快速地从其海量数据中挖掘有价值的信息关系到其决策的准确性和时效性。在本节中，我们将展示 Tableau 在零售业客户洞察中的应用。

9.2.1 制作"时间序列分析"视图

在这一部分，我们将借助散点图展示某店面在一定时期每日的销售情况，并通过客户的年龄段进行筛选，进而了解各个年龄段客户的消费情况，从而为促销活动的安排提供参考，其操作步骤如下。

- 将 Tableau 连接到数据源"零售数据.xls"，将"订单号"字段从"度量"

列表框拖曳至"维度"列表框。

- 新建一张工作表，进行销售情况的时间序列分析。
- 将"订单日期"字段和"销售额"字段分别拖曳至"列"功能区和"行"功能区，将"订单日期"字段格式设为连续的"天"。
- 将标记类型设为"圆"。
- 将"客户年龄段"字段拖曳至"颜色"框，结果如图 9-2-1 所示。

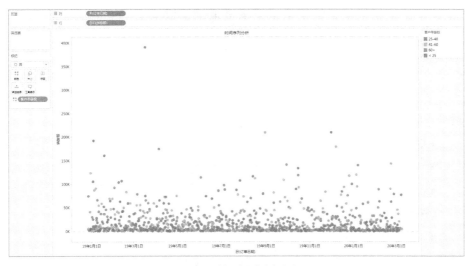

图 9-2-1 "时间序列分析"视图

9.2.2 制作"客户偏好分析"视图

在这一部分，我们将制作一张交叉表展示各个年龄段客户在选择产品时的差异，进而了解不同年龄段的客户对各种产品的偏好情况。其操作步骤如下。

- 新建一张工作表，进行客户偏好分析。
- 将"客户年龄段"字段和"产品类别"字段分别拖曳至"列"功能区和"行"功能区。
- 将"利润"字段拖曳至"标记"卡的"文本"框，结果如图 9-2-2 所示。

图 9-2-2 "客户偏好分析"视图

9.2.3 制作"区域分析"视图

在这一部分，我们将通过地图对不同类型的客户进行划分，了解客户的区域分布及消费情况，其操作步骤如下。

- 新建一张工作表，进行区域分析。
- 右击"市级"字段，将"市级"字段的地理角色设置为"城市"。
- 双击"市级"字段，添加中国地图，将"省级"字段拖曳至"详细信息"框。
- 将标记类型设为"形状"。
- 将"客户类型"字段拖曳至"形状"框和"颜色"框。
- 将"利润"字段拖曳至"大小"框。
- 单击"形状"框，选择一种形状类型，最后结果如图 9-2-3 所示。

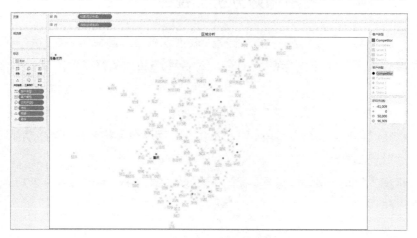

图 9-2-3 "区域分析"视图

9.2.4 制作动态仪表板

完成以上几步之后，同样制作一个动态仪表板，将几个视图放到一个仪表板中，并在各个工作表之间设置动作，使分析更具交互性，其操作步骤如下。

- 将前面制作的三张工作表拖曳至仪表板中。
- 将"区域分析"视图设置为筛选器，单击"区域分析"视图右上角下拉按钮，在弹出的快捷菜单中选择"用作筛选器"选项。
- 单击菜单栏"仪表板"菜单，选择"操作"选项，添加"突出显示"动作，具体设置如图 9-2-4 所示。
- 调整仪表板内各视图的位置及大小，并为仪表板添加一种背景颜色，使仪表板更加生动美观，结果如图 9-2-5 所示。

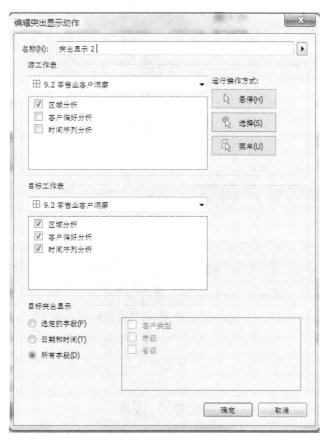

图 9-2-4 添加突出显示动作

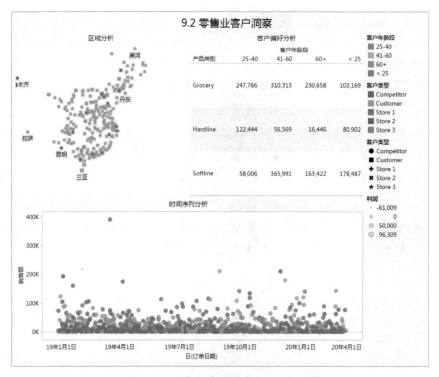

图 9-2-5 "零售业客户洞察"最终效果图

扫码看视频

9.3 游戏客户洞察

在游戏行业，客户群的定位是新游戏开发的首要问题，在游戏正式运营期也同样重要。企业可以从游戏运营存储的数据中发现给企业带来收益的主要客户群。更好地了解客户，不仅有利于提高公司的收益，而且便于组织更有效的活动进行品牌推广。因此，对其未来客户的分析是新游戏开发前的重要任务。通过 Tableau 可以轻松挖掘出客户的信息，比如，客户中男性多还是女性多，哪个年龄段的客户更多，客户买了些什么，玩了多长时间等。

9.3.1 制作"客户属性分析"视图

这一部分，将使用美观的颜色和形象的图形来展示客户的性别和年龄段，从而了解客户的相关信息，其操作步骤如下。

- 将 Tableau 连接到数据源"游戏运营数据.xls"，进行客户属性分析，将"编号""用户代码"字段从"度量"列表框拖曳至"维度"列表框。
- 先将"年龄"字段离散化，右击"维度"列表框中的"年龄"字段，在弹出的快捷菜单中执行"创建"—"数据桶"命令，然后对弹出的对话框进行设置，如图 9-3-1 所示。

图 9-3-1　创建字段"年龄"

- 将"用户代码"字段拖曳至"列"功能区上，右击执行"度量"—计数（不同）命令，按住"Ctrl"键，同时鼠标指针选中"列"功能区上的"计数（不同）（用户代码）"字段向右拖动，在"列"功能区中复制一个相同的"计数（不同）（用户代码）"字段。
- 将"年龄（数据桶）"字段和"性别"字段均拖曳至"行"功能区。
- 对视图中的两个标记卡分别进行设置，步骤如下。
  - 先对左边的图形进行操作，设置标记卡"计数（不同）（用户代码）"，标记类型设为"形状"，从"维度"列表框中再次将"性别"字段分别拖曳至"形状"框和"颜色"框，并将形状设为"编辑形状"对话框中"性别"选项中的"人形"图标，如图 9-3-2 所示。

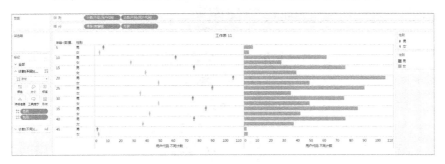

图 9-3-2　设置"年龄"图形

■ 单击 "计数（不同）（用户代码）（2）" 标记卡，对右边的图形进行操作，将标记类型设为 "条形图"，并将 "性别" 字段拖曳至 "颜色" 框，如图 9-3-3 所示。

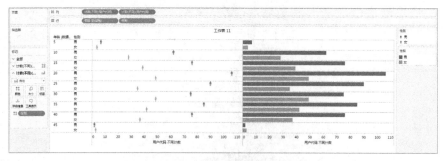

图 9-3-3 设置 "性别" 图形

● 最后将两张图合并。右击 "列" 功能区上 "计数（不同）（用户代码）（2）" 字段，在弹出的快捷菜单中选择 "双轴" 选项。合并结果如图 9-3-4 所示。

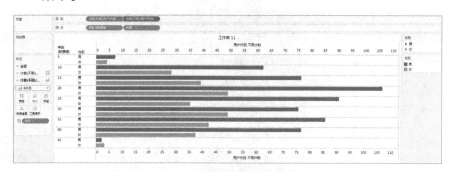

图 9-3-4 合并 "年龄" 和 "性别" 后的效果图

9.3.2 制作 "类型洞察" 视图

在这一部分，我们将使用条形图并结合颜色筛选的方法来展示各个分段持续时间的记录数分布情况，其操作步骤如下。

● 新建一张工作表，进行类型洞察。

● 将 "持续时间（秒）" 字段离散化。右击 "度量" 列表框中的 "持续时间（秒）" 字段，执行 "创建" — "数据桶" 命令，具体设置如图 9-3-5 所示。

图 9-3-5　创建字段"持续时间（秒）"

- 创建新的计算字段"界限类型"：右击"维度"列表框中的"类型"字段，在弹出的快捷菜单中选择"创建计算字段"选项，其具体设置如图 9-3-6 所示。

图 9-3-6　创建计算字段"界限类型"

- 将"持续时间（秒）（数据桶）"字段拖曳至"列"功能区，"游戏运营数据（计数）"字段拖曳至"行"功能区。
- 将"界限类型"字段拖曳至"颜色"框，结果如图 9-3-7 所示。

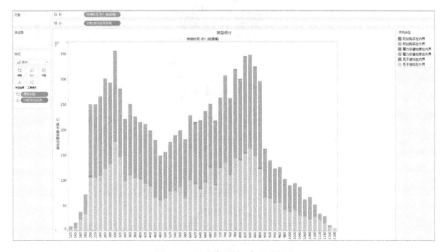

图 9-3-7　"类型洞察"视图

9.3.3 制作"游戏进程分析"视图

在这一部分，我们将通过折线图和散点图来分析游戏的生命损耗情况。这里将给出每天的汇总值，其操作步骤如下。

- 新建一张工作表，进行游戏进程分析。
- 将"日期"字段拖曳至"列"功能区，并将其格式设为连续类型"天"。
- 将"（计数）游戏运营数据"字段和"（总和）生命损耗"字段均拖曳至"行"功能区。对视图中两个标记分别进行设置，步骤如下。
  - 在"总和（生命损耗）"标记下拉列表中选择"线"选项，颜色选择黑色。
  - 添加趋势线。右击视图区任意位置，在弹出的快捷菜单中执行"趋势线"—"显示趋势线"命令，如图 9-3-8 所示。

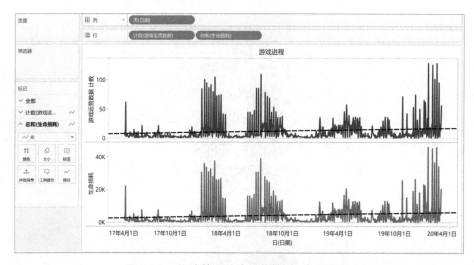

图 9-3-8 "（计数）游戏运营数据"标记设置

  - 对下边的"生命损耗"标记进行操作，选择"标记"卡中的"总计（生命损耗）"标记，在下拉列表中选择"圆"选项，并将"界限类型"字段拖曳至"颜色"框中。
  - 添加趋势线。取消勾选"界限类型"和"显示置信区间"复选框，单击"确定"按钮。如图 9-3-9 所示。

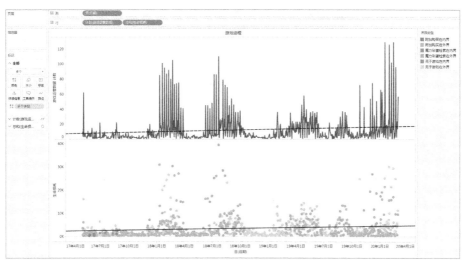

图 9-3-9 "生命损耗"标记设置

9.3.4 制作"区域分析"视图

在这一部分，我们将制作两张地图，来展示各类客户的分布情况，最终将两张地图合并到一张地图上，其操作步骤如下。

- 新建一张工作表，进行区域分析。(为了视觉清晰,可以更换一种风格,执行菜单栏中 "设置格式" — "工作簿主题" — "现代" 命令)
- 右击 "维度" 列表框中的 "省级" 字段，在弹出的快捷菜单中选择 "省/市/自治区" 选项。
- 双击 "省级" 字段，生成一张地图，再次将 "纬度 (自动生成)" 字段拖曳至 "行" 功能区并置于第一个 "纬度 (自动生成)" 字段的右侧，如图 9-3-10 所示。
- 分别对两张地图进行设置，其操作步骤如下。
  - 先对 "纬度 (自动生成)" 标记进行操作，将 "省级" 字段拖曳至 "颜色" 框，标记类型设为 "地图"，将 "省级" 字段拖曳至 "标签" 框，如图 9-3-11 所示。

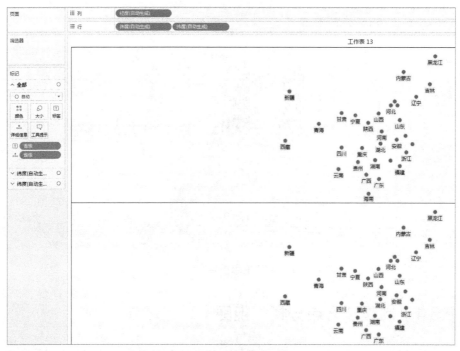

图 9-3-10　在同一视图中生成两张地图

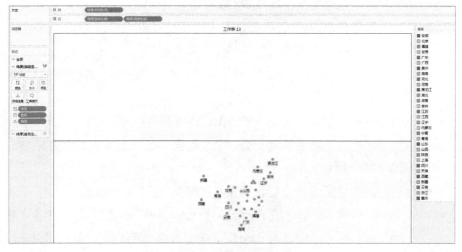

图 9-3-11　设置"填充地图"

- 对下边的"纬度（自动生成）（2）"标记进行操作，标记类型设为"形状"，并将"界限标记""界限类型""日期"及"市级"字段分别拖曳至"形状""颜色"及"详细信息"框，其中将"日期"格式设为连续类型的"天"，更改图例颜色和形状，如图 9-3-12 所示。

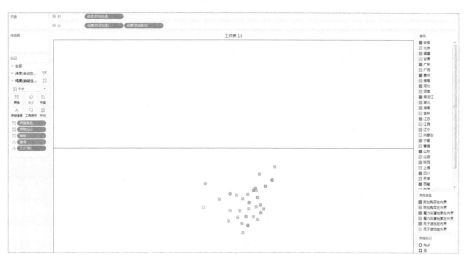

图 9-3-12 设置"形状地图"

- 将两张地图合并。选中"行"功能区中第二个"纬度（自动生成）"字段，右击，在弹出的快捷菜单中选择"双轴"选项，合并结果如图 9-3-13 所示。

图 9-3-13 "区域分析"视图

9.3.5　制作动态仪表板

这一部分我们制作一个仪表板将以上几张视图合并到该仪表板中展现，增加信息的可视化效果，其操作步骤如下。

- 将前面制作的四张工作表拖曳至仪表板。
- 将"区域分析"视图设置为筛选器，单击"区域分析"视图右上角下拉按钮，选择"用作筛选器"选项。
- 单击菜单栏"仪表板"菜单，在弹出的快捷菜单中选择"操作"选项，添加两个"突出显示"动作，增加仪表板的交互性，具体的仪表板设置1和仪表板设置2分别如图9-3-14和图9-3-15所示。
- 调整仪表板内各视图的位置及大小，并为仪表板添加一种背景颜色，使仪表板更加生动美观，最后结果如图9-3-16所示。

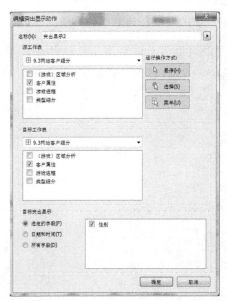
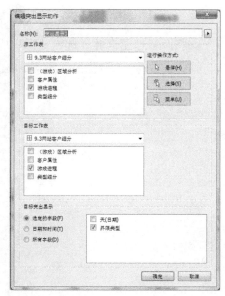

图 9-3-14　仪表板设置 1　　　　　图 9-3-15　仪表板设置 2

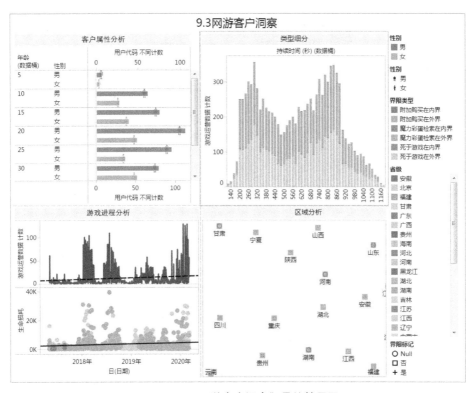

图 9-3-16 "网游客户洞察"最终效果图

9.4 本章小结

本章主要介绍了如何使用 Tableau 实现客户洞察，并通过客户洞察的示例将前面所讲的内容串联起来。客户洞察是企事业单位市场部人员最常用的营销手段，利用客户洞察所获得的精准营销建议，是提升公司收益的重要手段。

9.5 练习

（1）在 9.1 节仪表板中插入"网页"对象，输入 URL: http://www.bizinsight. com.cn/为仪表板添加实时的网页。

（2）新建一张工作表，以发货日期为依据，查看每个月的销售趋势并做预测，观察该时序预测用了什么预测方法，并描述该模型。

（3）在 9.3 节中，将年龄分组改成 10 岁，应该如何设置数据桶大小？

（4）重新设计 9.3 节的仪表板板式，设计出一个你认为最美观的展现形式。

第 **4** 部分

高手秘籍

要创建更加美观实用的仪表板，主要是应用超链接功能图、动作功能、图标设计和背景设置。在这一部分，我们将重点学习这几大功能。

- 第 10 章　灵活利用参数和仪表板动作
- 第 11 章　设计个性化背景

第 **10** 章

灵活利用参数和仪表板动作

本章你将学到下列知识:
- 通过不同拟合情况估计保险索赔额。
- 通过移动平均图表观察产油变化趋势。
- 通过面积图观测广告点击时间分布规律。
- 通过参数设置动态参考线,灵活观察符合目标的媒体。

本章将介绍如何创建更加生动形象的仪表板,来真正让数据变得活灵活现。实际的案例也会涉及各个行业。

10.1 索赔分析与预测

扫码看视频

在保险业中,常有大量的数据需要分析。时刻掌握客户索赔额、公司赔付额情况,对一个保险公司来说十分重要。

在本节中,我们要对一家保险公司的经营情况进行分析。通过最终的仪表板,我们可以知道该公司在全国各省,各年龄段中不同性别的客户索赔额与公司赔付额情况,以及哪个省的情况比较异常,有什么趋势。另外,对于某个省,如果客户索赔一定的金额,我们还要预测公司赔付额会是多少。

10.1.1 制作"索赔分析"视图

首先，将 Tableau 连接到数据源"某保险公司客户索赔数据.xls"，如图 10-1-1 所示，"保险单号""客户年龄""索赔单号""邮编"字段都不是实际的度量数据，需将它们拖曳至"维度"列表框。

图 10-1-1　数据导入工作簿截图

然后，创建第一张视图，该视图的目的是分析全国各省的事故平均赔付额是如何分布的，在不同性别上有何差异，其操作步骤如下。

* 右击"索赔单号"字段，在弹出的快捷菜单中选择"创建计算字段"选项，如图 10-1-2 所示，编辑公式"事故次数=COUNT(索赔单号)"。

图 10-1-2　创建计算字段"事故次数"

- 将"事故次数""赔付额"字段分别拖曳至"列"功能区和"行"功能区，并将"赔付额"计算方式改为"平均值"。
- 将"省份"字段拖曳至"详细信息"框。
- 将"客户性别"字段拖曳至"形状"框，单击"形状"框，将"男""女"选项设置为对应的图标，单击"确定"按钮，如图 10-1-3 所示。
- 将刚才的"客户性别"字段拖曳至"颜色"框，并设置颜色为：男—蓝、女—绿。

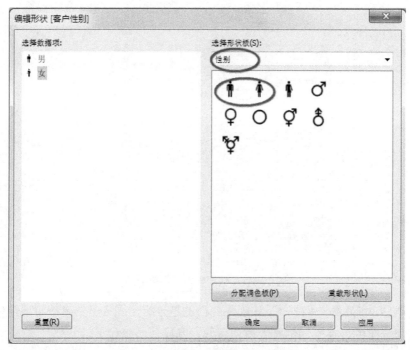

图 10-1-3　编辑"客户性别"的形状

- 窗口左侧切换到"分析"选项卡，拖动"分布区间"至视图区，添加"单元格"，并做如下设置：
  - 单击"每单元格"单选按钮；
  - "值"下拉列表选择"标准差"选项，并将标准差因子设为（–2，2）；
  - "标签"下拉列表选择"无"选项；
  - "线"下拉列表选择一条细黑线，"填充"下拉列表选择浅灰色，单击"确定"按钮。

- 右击纵轴，在弹出的快捷菜单中选择"编辑轴"选项，将纵轴标题改为
  "平均赔付额"。
- 再次右击纵轴，在弹出的快捷菜单中选择"添加参考线"选项，并做如
  下设置：
  - 选择"分布"按钮；
  - 单击"每单元格"单选按钮；
  - "值"下拉列表选择"标准差"选项，并将标准差因子设为（–2,2）；
  - "标签"下拉列表选择"无"选项；
  - "线"下拉列表选择一条细黑线，"填充"下拉列表选择"浅灰色"，
    单击"确定"按钮。
- 将"区域""索赔额""客户年龄"字段依次拖曳至"详细信息"框，并
  将"索赔额""客户年龄"中的聚合方式改为"平均值"。
- 右击"行"功能区中的"平均值(赔付额)"字段，在弹出的快捷菜单中
  选择"显示筛选器"选项，并在"度量"列表框内右击"赔付额"字段，
  在弹出的快捷菜单中执行"默认属性"—"数字格式"—"数字（自定
  义）"命令，将数据值小数位数设为 0 位小数；对"索赔额"字段作同
  样操作。
- 右击"详细信息"框内的"区域"字段，在弹出的快捷菜单中选择"显
  示筛选器"选项，并将其格式设为"单值（下拉列表）"。
- 在"维度"列表框中右击"年龄区间"字段，在弹出的快捷菜单中选择
  "显示筛选器"选项，并将其格式设为"单值（下拉列表）"。

结果如图 10-1-4 所示，对于报告查看人员来说，可能一眼看上去不知右
侧的筛选器是什么作用，我们可以对筛选器的标题稍做修改，以便一目了然，
操作如下。

- 单击"平均值(索赔额)"字段右上角的下拉按钮，选择"编辑标题"选
  项，如图 10-1-5 所示，将标题文字改为"请选择索赔额区间"，并选择适
  当字体；对其他筛选器作相同操作，修改筛选器标题，结果如图 10-1-6
  所示。

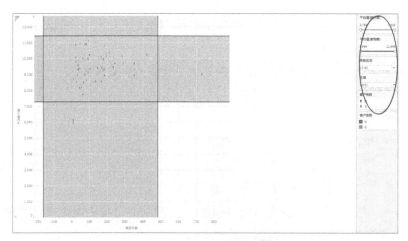

图 10-1-4　显示筛选器截图

图 10-1-5　编辑筛选器标题对话框

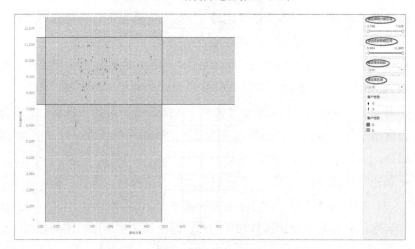

图 10-1-6　筛选器标题编辑后截图效果

在图 10-1-6 中，为了分析事故次数与平均赔付额之间存在何种关系，我们可以添加一条趋势线，操作如下。

- 右击视图区任意位置，在弹出的快捷菜单中选择"趋势线"选项，如图 10-1-7 所示。

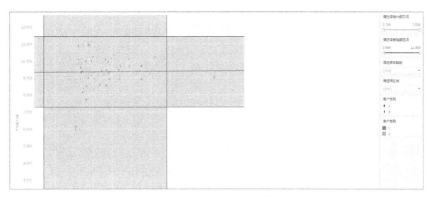

图 10-1-7　添加"直线"趋势线

从图 10-1-7 中，我们发现"直线"并不能很好地模拟事故次数与平均赔付额之间的关系。

- 右击视图区，执行"趋势线"—"编辑趋势线"命令，弹出如图 10-1-8 所示对话框，可以尝试多种模型，这里根据经验做如下设置：
  - 单击"多项式"单选按钮，并将"度"设为 2；
  - 默认勾选"客户性别"复选框；
  - 取消勾选"允许按颜色绘制趋势线"复选框，这里只显示总体趋势线即可；
  - 单击"确定"按钮。

图 10-1-8　设置趋势线

结果如图 10-1-9 所示，可以看到模拟效果是较好的。单独选择某个区域观察，该模型模拟的效果很好，用其他模型模拟的效果均较差。

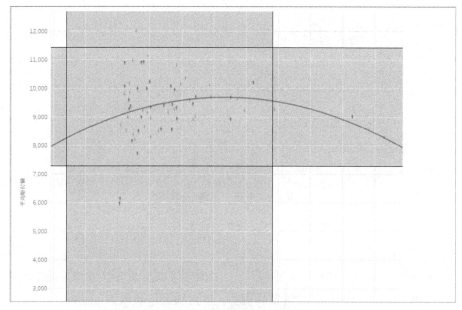

图 10-1-9　趋势线模拟最佳效果图

从图 10-1-9 中，我们很容易就能发现事故次数和平均赔付额在两个标准差以外的异常点。另外，我们还可以使用视图区右侧筛选器方便地钻取到某一层数据，比如，将"区域"选为华北、"年龄段"选为 50～59 岁，则视图立即变为如图 10-1-10 所示视图，不难发现，在华北、50～59 岁之间的人群，在事故次数和平均赔付额上都算正常。

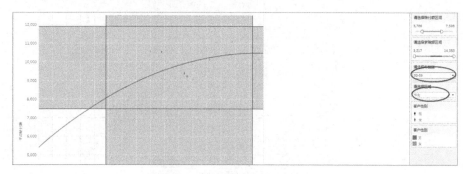

图 10-1-10　筛选器的选择区域

至此，本视图可以说已完成，但我们还可以再做一些更为人性化的设置。我们注意到，当将鼠标指针移至视图中某一点时，该点的一个信息框会立即显示出来，单击该点移开鼠标指针后，信息框就消失了。可不可以在单击某个点后，该点的信息框仍显示在旁边呢？答案是可以的。在设置该功能之前，我们先来创建一个"标签"字段，即定义单击某个点后要显示的信息及其格式。步骤如下。

- 右击"维度"列表框内的"省份"字段，在弹出的快捷菜单中选择"创建计算字段"选项，并将其命名为"标签"，输入以下公式：

MIN([省份])+"

事故次数: "+str(round([事故次数],0))+"

平均赔付: ¥ "+str(round(avg([赔付额]),0))

注意，此处公式右边分三行写是为了让标记标签分三行显示。

- 单击"确定"按钮。
- 将刚才创建的"标签"字段拖曳至"标签"框。
- 单击"标签"框的下拉按钮，勾选"显示标记标签"复选框并选择"突出显示"选项。

此时，我们单击视图中某一点后，结果如图 10-1-11 所示。

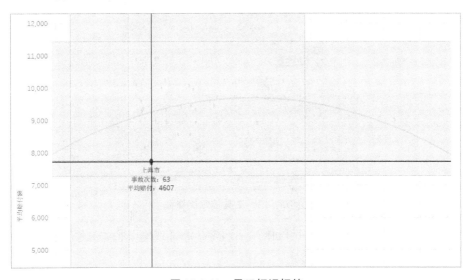

图 10-1-11　显示标记标签

但是，我们又注意到，此时若将鼠标指针移至某点时，会显示如图 10-1-12 所示关于该点的信息栏。

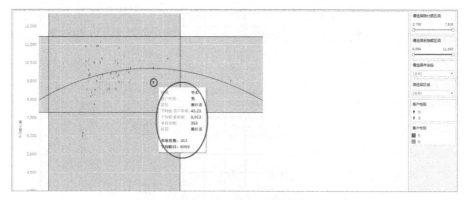

图 10-1-12　信息栏显示

该信息栏太长了，看起来很费劲，我们可以对其做如下修饰：

- 单击菜单栏"工作表"菜单，在弹出的快捷菜单中选择"工具提示"选项，弹出如图 10-1-13 所示对话框（图 10-1-13 中椭圆框所圈中的含阴影部分的文字包括"＜＞"符号，不可以改动，但可以移动或删除，而阴影前面的文字可以随意改动）。

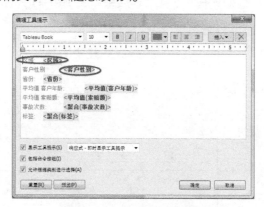

图 10-1-13　工具提示编辑框

- 将图 10-1-13 中的各字段做如下调整并添加或修改相关文字，如图 10-1-14 所示，单击"确定"按钮。

图 10-1-14　调整后的工具提示编辑框

这时，我们再将鼠标指针移至视图中某一点，则其信息栏如图 10-1-15 圆圈中内容所示，对比修改之前，后者更一目了然。

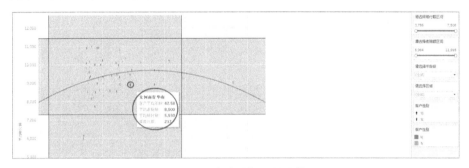

图 10-1-15　"索赔分析"最终效果图

最后，将"客户性别"形状图例和颜色图例都隐藏掉，并将工作表命名为"索赔分析"，保存工作簿。

10.1.2　制作"各省索赔额与赔付额情况"趋势图

制作此视图的目的是观察各省的客户索赔额与公司赔付额之间的趋势关系，具体步骤如下。

- 新建一个工作表。
- 按住 Ctrl 键，依次选中"省份""赔付额""索赔额"字段，单击"智能推荐"选项卡，选择推荐的"散点图"。
- 单击工具栏中的"转置"图标。

- 单击菜单栏中的"分析"菜单，在弹出的快捷菜单中取消勾选"聚合度量"复选框。
- 右击视图任意位置，在弹出的快捷菜单中选择"趋势线"选项，编辑趋势线，查看该模型，是符合要求的。
- 将工作表命名为"各省索赔额与赔付额情况"，保存工作簿。

结果如图 10-1-16 所示，从图中可以看到索赔额与赔付额之间的线性关系是显著的。选择某个省，则显示该省索赔额与赔付额之间的线性方程，通过该线性方程，我们可以预测，在某个省某个客户索赔一定金额时，最后公司需要赔付多少金额。

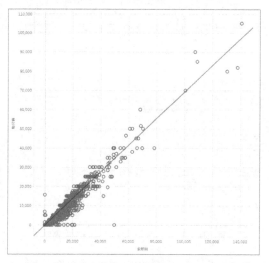

图 10-1-16　各省索赔额与赔付额情况"趋势图

10.1.3　制作"各省索赔额与赔付额倒金字塔"视图

通过制作"各省索赔额与赔付额倒金字塔"视图，可以直观地看出哪个省的索赔额最大、哪个省的赔付额最多、每个省的索赔额与赔付额之间差异怎么样，等等，具体步骤如下：

- 新建一个工作表。
- 将"省份"字段拖曳至"行"功能区。
- 将"索赔额""赔付额"字段依次拖曳至"列"功能区。
- 右击横轴上的"索赔额"，在弹出的快捷菜单中选择"编辑轴"选项，在弹出的对话框中的"比例"选区中勾选"倒序"复选框，单击"确定"
按钮。

必须注意到，横轴上"索赔额"与"赔付额"的刻度是不一样的，所以较
难看出两者之间的差异。接着进行如下操作。

- 再次右击横轴上的"索赔额"，在弹出的快捷菜单中选择"编辑轴"选
  项，弹出对话框，如图 10-1-17 所示，单击"固定"单选按钮，并将固
  定开始设为 0，固定结束设为 18,000,000，关闭对话框；同样，对"赔
  付额"进行固定范围操作。
- 选中"标记"卡中的"总（赔付额）"标记，单击"颜色"框，将"赔
  付额"字段颜色设为红色，如图 10-1-18 所示。
- 单击工具栏中的"降序"图标。
- 单击工具栏中"标记标签"图标。
- 工具栏中选择"整个视图"。
- 将工作表命名为"各省索赔额与赔付额倒金字塔"，保存工作簿。

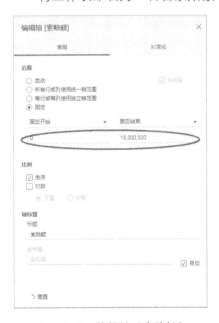

图 10-1-17　编辑轴"索赔额"　　　　图 10-1-18　"赔付额"字段颜色设置

最后，结果如图 10-1-19 所示，从图中很容易看出广东省的索赔额与赔付
额都是最高的，整个倒金字塔图形显得直观、生动。

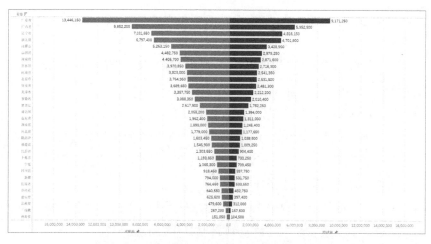

图 10-1-19 "各省索赔与赔付倒金字塔"视图

单击"确定"按钮，我们已经把三张工作表都做好了，现在我们要把这三张视图整合到一个仪表板上来，使得分析更快速、简单，具体步骤如下。

- 新建一个仪表板。
- 依次将之前创建的三张工作表添加到仪表板中，调整各表位置，结果如图 10-1-20 所示。

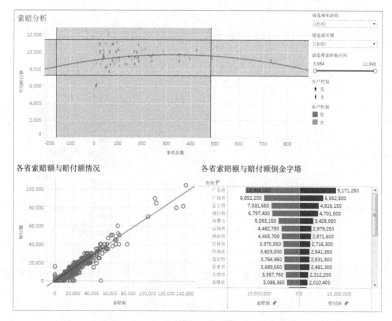

图 10-1-20 "索赔分析与预测"仪表板

- 创建一个"筛选"操作,当单击"索赔分析"视图中某点时,"各省索赔额与赔付额情况"视图显示对应省份的数据,否则不显示任何数据;在"仪表板"下拉列表中选择"操作"选项,在弹出的对话框中,添加操作"筛选器"后做如下设置:
    - "源工作表"选区勾选"索赔分析"复选框;
    - "运行操作方式"选区勾选"选择"复选框;
    - "目标工作表"选区勾选"各省索赔额与赔付额情况"复选框;
    - 勾选"排除所有值"复选框;
    - 单击"确定"按钮;
    - 再次单击"确定"按钮。
- 类似上面操作步骤,创建一个"突出显示"操作,当单击"索赔分析"视图中某点时,"各省索赔额与赔付额倒金字搭"视图突显对应省份的数据。
- 右击"请选择区域"筛选器,在弹出的快捷菜单中选择"应用于工作表"选项,勾选"使用此数据源的所有项"复选框。
- 为仪表板添加一个标题"索赔分析与预测"。
- 将该工作簿也命名为"索赔分析与预测"。
- 保存工作簿。

至此,我们就完成了仪表板的制作,当我们单击"索赔分析"视图中某点时,结果如图 10-1-21 所示,从图中可以看到该省的事故次数、平均赔付额、索赔额与赔付额之间的线性关系,右下角倒金字塔视图则突出显示该省的索赔额及赔付额。当我们选择某个区域时,结果如图 10-1-22 所示,图中只显示某个区域的数据,而没有显示"各省索赔额与赔付额情况"的相关数据,因为我们设置了只有当选择某个省时,"各省索赔额与赔付额情况"才显示数据。在视图中,我们还可以选择某个赔付额区间、索赔额区间、某个区域、某个年龄段做更细致的分析。这样,我们就可以非常方便、快速地了解到各个层面的数据,从而掌握客户索赔额和公司赔付额方面的情况。

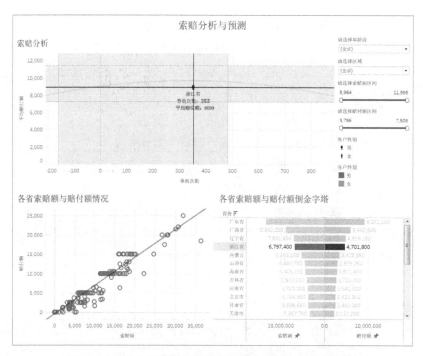

图 10-1-21 "各省索赔额与赔付额倒金字塔"最终效果图

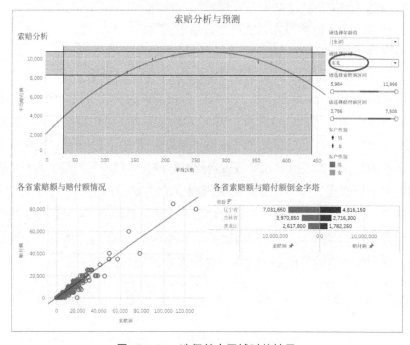

图 10-1-22 选择某个区域时的结果

10.2 门户创建

扫码看视频

本节要介绍一个油井产量与收入的数据分析案例。案例中的数据来源于美国几个地区的油井原油及 CO_2 产量数据，此处数据有部分更改，与原始数据不完全相同。我们主要目的是介绍 Tableau 在分析油井相关数据方面的应用。

我们要建立一个仪表板，该仪表板包含一张地图视图、一张油井产油量视图和一张油井总收益视图。通过发布到门户的仪表板，我们可以从地图上看到某个地区的某口油井这几年来的总收益、平均每天的产油量、平均每天产油量变化及 CO_2 情况。

10.2.1 制作"油井 CO_2 排量"视图

首先，我们要制作一张"油井地图"视图，如图 10-2-1 所示，从图中可以直观地看到油井的分布情况，以及各口油井的 CO_2 排量情况，具体步骤如下。

- 将 Tableau 连接到数据源"油井数据.xslx"。
- 将"油井编号"字段拖曳至"维度"列表框。
- 依次双击"Latitude""Longitude"字段（注：这里的经纬度代表的是每口油井的地理位置，经纬度数据包含在数据源中）。

图 10-2-1 "油井地图"视图

- 双击"CO_2 排量（Cubic Ft#/Day）"字段。
- 将"油井编号""所属区域"字段依次拖曳至"详细信息""颜色"框。

执行菜单栏中"工作表"—"工具提示"命令，将信息显示格式修改如下。

<油井编号>号油井<所属区域>

共排放 CO_2（Cubic Ft）：<CO_2 排量（Cubic Ft#/Day）>

- 显示"所示区域"筛选器，隐藏掉"CO_2 排量（Cubic Ft#/Day）"的图例。
- 将工作表命名为"油井 CO_2 排量"，保存工作簿。

从图 10-2-1 中，我们可以观察到所有油井在地理上的分布情况，鼠标指针移至某点时，可以看到几号油井每天 CO_2 排量是多少。大家或许会发现，本视图中并没有体现每口油井平均每天的产油量及总收益，别担心，我们接下来就来创建另两张视图。

10.2.2 创建"油井总收益"视图

在图 10-2-1 中之所以没有体现每口油井的总收益，是因为在一张视图中展现的信息太多的话，会导致眼睛疲劳，且各参数间的关联不够清晰明确。所以我们分开创建几张工作表，最后再把它们整合到一个仪表板中，并做相关设置，就可以非常方便地钻取到各层数据。接下来，创建"油井总收益"视图，如图 10-2-3 所示，步骤如下。

- 将 Tableau 连接到数据源"油井数据.xlsx"。
- 将"油井名称""总收入"字段依次拖曳至"行"功能区和"列"功能区。
- 单击工具栏中"降序"图标。
- 将"油井编号"字段拖曳至"详细信息"框，以便后面在仪表板中创建操作时，本视图与"油井 CO_2 排量"视图有相同的字段。
- 依次将"原油产量（Barrels Day）""CO_2 排量（Cubic Ft#/Day）"字段拖曳至"标签""颜色"框，并将二者度量方式改为"平均值"。
- 将代表"CO_2 排量"字段的颜色设置为"红色–绿色发散"，渐变颜色分为 15 阶段。
- 执行菜单栏"工作表"—"工具提示"命令，将格式更改为如图 10-2-2

所示格式，单击"确定"按钮。

图 10-2-2　更改格式

● 将工作表命名为"油井总收益"，保存工作簿。

从图 10-2-3 中，我们很容易看到某口油井平均每天的产油量是多少，CO_2 排量是多少，总收益又是多少。

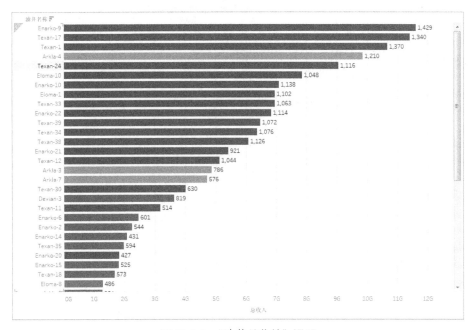

图 10-2-3　"油井总收益"视图

10.2.3　制作"移动平均"视图

接下来，我们还要制作一张"移动平均"视图，即每口油井这几年来平均每天产油量变化视图。通过该视图，我们可以了解某口油井这几年来平均每天产油量的变化趋势，从而也可反映公司对每口油井的开发利用情况。最后结果如图 10-2-4 所示，具体步骤如下。

- 将 Tableau 连接到数据源"油井数据.xlsx"。
- 将"日期""原油产量（Barrels Day）"字段依次拖曳至"列"功能区和"行"功能区。
- 右击"日期"字段，将其格式设为度量中的"天"。
- 右击"行"功能区中的"原油产量（Barrels Day）"字段，在弹出的快捷菜单中选择"快速表计算"选项，将"原油产量（Barrels Day）"字段的计值方式改为"移动平均"。
- 将"油井编号""油井名称"字段拖曳至"详细信息"框。
- 再从"度量"列表框中将"原油产量（Barrels Day）"字段直接拖曳至纵轴，这时会生成"度量值"字段和"度量名称"字段。
- 将"原油产量（Barrels Day）"字段的移动平均颜色设为灰色，"原油产量（Barrels Day）"字段颜色设为浅黄色。
- 显示出"日期"筛选器。
- 将工作表命名为"移动平均"，保存工作簿。

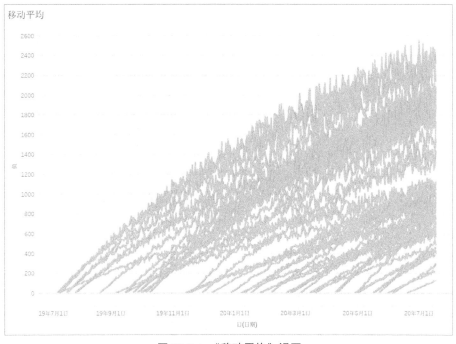

图 10-2-4 "移动平均"视图

10.2.4 制作仪表板

前面，我们已经完成了三张视图的制作，现在我们要创建一个仪表板，把这三张视图放到一个仪表板中，以便从各个角度分析油井的经营情况。

首先，新建一个仪表板，接着作如下操作。

- 依次双击"油井 CO_2 排量""油井总收益""移动平均"三张工作表，将其添加到仪表板。
- 调整各工作表大小和各筛选器至适当位置。
- 编辑各个筛选器的标题，以方便阅读，如图 10-2-5 所示。

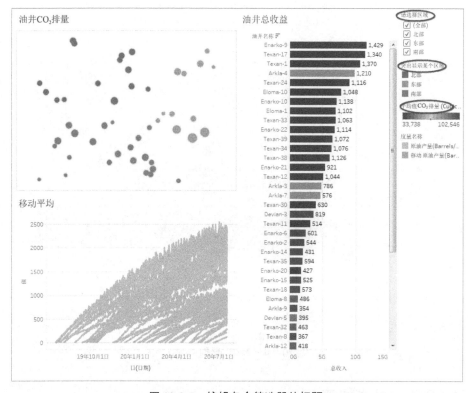

图 10-2-5　编辑各个筛选器的标题

- 在"仪表板"下拉列表中选择"操作"选项，在弹出的对话框中，添加操作"筛选器"后做如下设置：
  - "源工作表"选区勾选"油井 CO_2 排量"复选框；
  - "运行操作方式"选区勾选"选择"复选框；
  - "目标工作表"选区勾选"移动平均"复选框；
  - 勾选"显示所有值"复选框；
  - 单击"确定"按钮。
- 添加"突出显示"动作，设置如下：
  - "源工作表"选区勾选"油井 CO_2 排量"复选框；
  - "运行操作方式"选区勾选"选择"复选框；
  - "目标工作表"选区勾选"油井总收益"复选框；
  - 单击"确定"按钮。
- 单击"油井总收益"右上角的下拉按钮，选择"用作筛选器"选项。

- 为仪表板添加一个标题"油井产油量效益分析"。
- 将该工作表命名为"油井产油量效益分析",保存工作簿。

最后结果如图 10-2-6 所示,从图中我们很容易发现在东部有几个油井的 CO_2 排量很大,但它们的产油量和收益情况怎么样呢?单击东部较大的那个"圆圈",结果如图 10-2-7 所示,可以发现该油井一年半共排放了 19,994,717 立方英尺的 CO_2,几乎是最多的,而该油井创造的总收益却未进入前十名。从"移动平均"视图上看,该油井的平均每天产油量是在逐日上升的。对于该油井,我们要进一步分析为什么它的 CO_2 排量会那么高。另外,我们可以单击"油井总收益"视图中某一横条,就可以立即知道该油井在地理上处于哪个位置,它的移动平均每天产油量是什么情况,如图 10-2-8 所示。

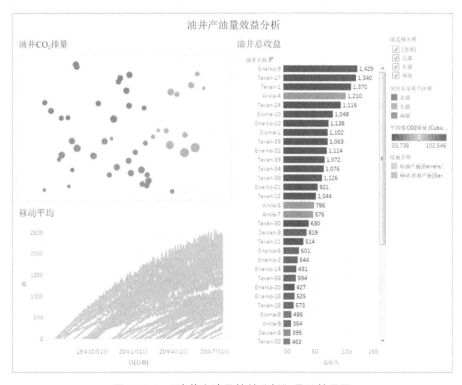

图 10-2-6 "油井产油量效益分析"最终效果图

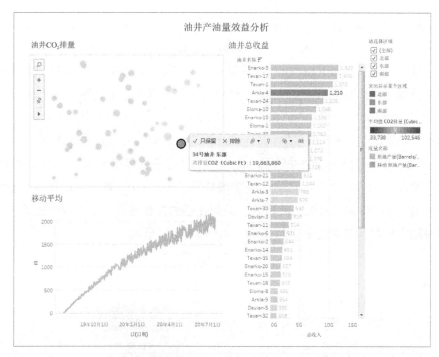

图 10-2-7 "油井产油量效益分析"最终效果图 1

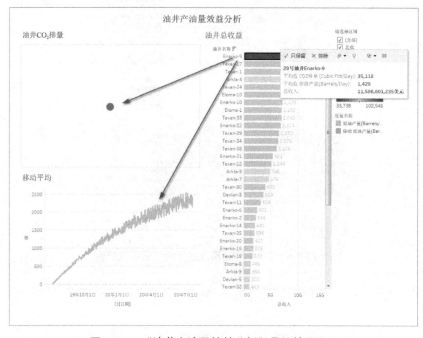

图 10-2-8 "油井产油量效益分析"最终效果图 2

10.3 网络广告投放分析

扫码看视频

在网络上投放广告,我们尤其关注广告的平均点击成本、点击率及哪个版位的广告最有效。本节将用 Tableau 分析一组网络广告投放的数据,以此来帮助判断所投放的广告是否取得预期效果。案例中所采用的数据源是某个金融企业在一个月内的网络广告投放模拟数据,数据本身不代表实际情况。

10.3.1 制作"广告分组 CTR"视图

首先,我们来制作一张面积图,最后结果如图 10-3-1 所示,通过该视图可以分析每个广告组类别在各个礼拜的点击率(CTR)是什么情况,具体步骤如下:

- 将 Tableau 连接到数据源"网络广告点击量数据.xlsx"。
- 创建一个新字段:点击率=sum([点击量])/sum([展现量])。
- 将"日期""点击率"字段依次拖曳至"列"功能区和"行"功能区。
- 右击"列"功能区中的"日期"字段,将其格式调整为度量的"年/月/日"。
- 单击"智能推荐"选项卡,选择"面积图(连续)"。
- 双击"广告分组"字段或直接将其拖曳至"颜色"框。
- 右击纵轴坐标,在弹出的快捷菜单中选择"设置格式"选项,将刻度设为"百分比",并保留 0 位小数位数。
- 将工作表命名为"广告分组 CTR"。
- 保存工作簿。

从如图 10-3-1 所示的结果可以知道,在安全便捷、掌上银行和综合业务这三个广告分组上的 CTR 是很高的,但在 7 月 8 日至 7 月 13 日这几天所有广告的点击率都不是很高。

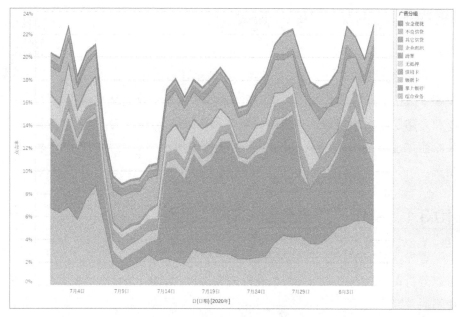

图 10-3-1 "广告分组 CTR" 视图

10.3.2 制作"广告创意 CTR 与目标 CTR 对比"视图

图 10-3-1 是对每个广告分组的 CTR 情况进行分析，可是我们还想要对每个广告创意的 CTR 与目标 CTR 做对比分析，并且在随时改变目标 CTR 后，两者对比又有什么变化？接下来，我们就来创建一张"广告创意 CTR 与目标 CTR 对比"的视图，具体步骤如下。

- 将 Tableau 连接到数据源"网络广告点击量数据.xlsx"。
- 将"点击率""广告创意"字段依次拖曳至"列"功能区和"行"功能区。
- 将"广告创意"字段拖曳至"颜色"框，以不同颜色来区分不同的广告创意。
- 单击工具栏中的"降序"图标。
- 创建一个"目标点击率"参数，做如下设置：
  - "数据类型"下拉列表选择"浮点"选项；
  - "当前值"设为 3；
  - 单击"范围"单选按钮；

- ■ "最小值"设为 0, "最大值"设为 25, "步长"设为 0.1, 如图 10-3-2 所示。

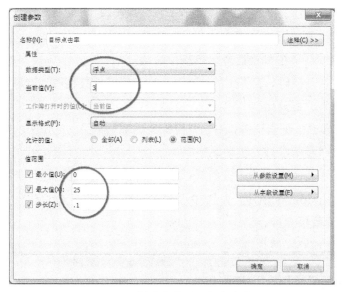

图 10-3-2 创建参数"目标点击率"

- 创建一个"目标点击率"字段: 目标点击率=[参数].[目标点击率]/100, 如图 10-3-3 所示。

图 10-3-3 创建计算字段"目标点击率"

- 在"度量"列表框中选择"目标点击率"字段,将其拖曳至"详细信息"框,并将其度量方式改为"最小值"。
- 将"点击量"字段拖曳至"详细信息"框。
- 为"目标点击率"字段添加一条参考线,右击横轴上的"点击率",在弹出的快捷菜单中选择"添加参考线"选项,在弹出的对话框中做如下设置。

- 选择"整个表";
- "值"下拉列表选择"最小（目标点击率）"，"平均值"选项;
- "标签"下拉列表选择"无"选项;
- "线"下拉列表选择一条灰色线条。

- 再次右击横轴，在弹出的快捷菜单中选择"设置格式"选项，将刻度格式设为"百分比"。

- 在"参数"列表框中，右击"目标点击率"字段，在弹出的快捷菜单中选择"显示参数"选项。

- 将工作表命名为"广告创意 CTR 与目标 CTR 对比"，保存工作簿。

结果如图 10-3-4 所示，从图中很容易发现，只有三个广告创意的点击率达到了 3% 的目标 CTR。

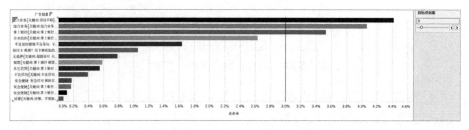

图 10-3-4 "广告创意 CTR 与目标 CTR 对比"视图

10.3.3 制作"单次点击成本监测"视图

在网络广告业务中，除了要关注点击率，还需要分析单次点击成本，同时分析各个广告版位的单次点击成本有何异同。具体步骤如下。

- 将 Tableau 连接到数据源"网络广告点击量数据.xlsx"。
- 创建一个字段"单次点击成本"：单次点击成本=SUM([成本])/SUM([点击量])。
- 创建一个字段"平均广告版位"：平均广告版位=SUM([广告位置]*[展现量])/SUM([展现量])，如图 10-3-5 所示。

图 10-3-5 创建计算字段 "平均广告版位"

- 将 "广告创意" "单次点击成本" 字段依次拖曳至 "行" 功能区和 "列" 功能区。

这时，就可以看到每个广告创意的单次点击成本是什么情况。为了分析各广告创意在各个广告版位的单次点击成本，我们可以用散点图来展示数据（因为这里 "广告版位" 字段是用度量来表示的，所以可以用散点图）。

- 选择 "平均广告版位" 字段，单击 "智能推荐" 选项卡，选择 "散点图"。
- 将 "广告创意" 字段从 "颜色" 框拖曳至 "详细信息" 框，这里我们不用颜色区分广告创意的类别。

为了探究 "平均广告版位" 字段与 "单次点击成本" 字段的关系，我们可以添加一条趋势线。

- 右击视图区，在弹出的快捷菜单中选择 "趋势线" 选项。
  观察该模型的拟合程度，只需右击该直线，在弹出的快捷菜单中选择 "描述趋势模型" 选项即可，我们发现该模型并不显著，我们可以更改该模型。
- 再次右击视图区，在弹出的快捷菜单中选择 "编辑趋势线" 选项，在弹出的对话框（见图 10-3-6）中尝试各种模型，最后发现 "对数函数模型" 拟合较好，选择该模型，结果如图 10-3-7 所示。

在图 10-3-7 中，在两条置信线外侧的点，都是较少会发生的情况。为了进一步分析该广告版位的单次点击成本是否合理，我们可以将 "点击率" 字段添加进来，并设置一个判断函数。若点击率达到目标值，则显示 "√"，否则显示 "×"。接着进行如下操作。

图 10-3-6　编辑趋势线

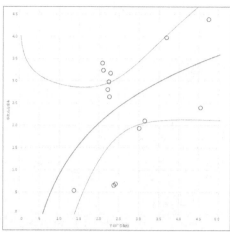

图 10-3-7　显示置信区间

- 将"点击量"字段拖曳至"大小"框，这样可以显示视图中每个点的点击量大小。
- 将"广告分组"字段拖曳至"详细信息"框。
- 将"点击率"字段拖曳至"颜色"框。
- 创建一个新字段，右击"度量"列表框中空白处，在弹出的快捷菜单中选择"公式编辑框"选项，输入：点击率是否达标=[点击率]>[参数].[目标点击率]/100，如图 10-3-8 所示。

图 10-3-8　创建计算字段"点击率是否达标"

- 将"点击率是否达标"字段拖曳至"形状"框。
- 双击"点击率是否达标"字段的形状图例，作如图 10-3-9 所示设置，单击"确定"按钮。

图 10-3-9 编辑"点击率是否达标"字段的形状图例

- 将"点击率"字段的颜色设为"红色—绿色发散",并将颜色分为 10 段,
  如图 10-3-10 所示。

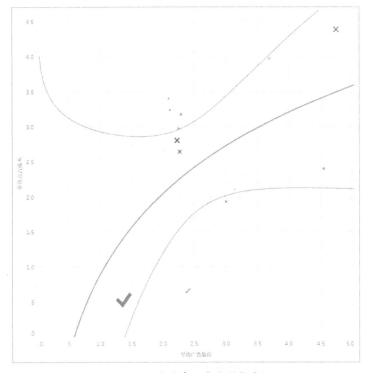

图 10-3-10 "点击率"字段的颜色设置

从图 10-3-10 中可以看到，只有两个广告版位的点击率达到了目标 CTR，虽然这两个广告版位的位置并不是很靠前，但其中一个的点击量却很大。本视图到此基本已完成了，如果我们还需要添加额外的信息以进一步辅助分析，则可以设置一个"可接受单次点击成本（CPC）"参数，为单次点击成本设置一个可接受限值，以监测某个广告版位的单次点击成本是否超标。创建此参数的操作步骤与创建"目标点击率"参数相似，具体步骤如下。

- 创建一个参数："可接受单次点击成本"，设置如图 10-3-11 所示："当前值"设为 5，"最大值"设为 10，"步长"设为 0.1。

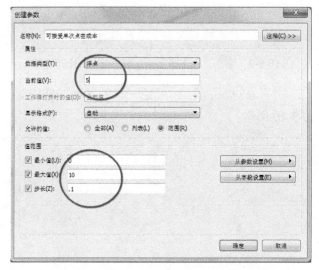

图 10-3-11　创建参数"可接受单次点击成本"

- 创建一个判断字段，如图 10-3-12 所示，即单次点击成本是否超标=[单次点击成本]<[可接受单次点击成本]。

图 10-3-12　创建计算字段"单次点击成本是否超标"

- 将"单次点击成本是否超标"字段拖曳至"详细信息"框。
- 右击参数"可接受单次点击成本",在弹出的快捷菜单中选择"显示参数"选项。
- 为纵轴添加一条参考线,具体的设置如图 10-3-13 所示。
  - 选择"线"按钮;
  - 单击"整个表"单选按钮;
  - "值"下拉列表选择"可接受单次点击成本"选项;
  - "标签"下拉列表选择"值"选项;
  - "线"和"向下填充"下拉列表都选择浅灰色。

图 10-3-13　添加参考线

编辑参考线的结果如图 10-3-14 所示,在当前可接受单次点击成本值设为 5 的情况下,没有哪个广告创意的单次点击成本值超过参考限定值。

此外,为了动态地观察该月每日各广告版位的单次点击成本变化情况,我们还可以利用"页面"的翻页功能,步骤如下。

- 将"日期"字段拖曳至"页面"框。
- 将"日期"字段的格式调整为度量中的"天"。
- 勾选"显示历史记录"复选框,并在其下拉列表中选择"突出显示"选项。

结果如图 10-3-15 所示，单击播放按钮，即可动态地观察该月每日各广告版位的单次点击成本的变化情况。

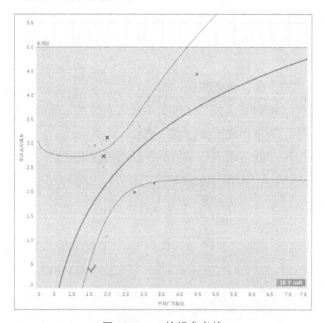

图 10-3-14　编辑参考线

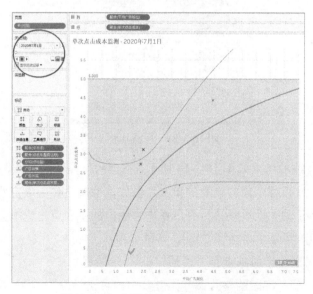

图 10-3-15　"单次点击成本监测"视图

至此我们已经完成了该视图的制作，将工作表命名为"单次点击成本监测"，保存工作簿。在本视图中，我们添加了很多信息，主要目的是向大家介绍如何使用 Tableau 实现较高级的功能。在日常分析工作中，若能多做几张视图来分析数据，大可不必创建这样比较复杂的视图。当然，如果是作为固定模式的报告，那么只要在第一次做好之后，下次刷新一下数据就可以了。

10.3.4 制作"网络广告投放分析"仪表板

在完成了三张工作表的制作之后，我们就可以把它们整合到一个仪表板上了，从而完整地分析该月所投放的网络广告的效益具体怎么样。创建仪表板的步骤如下。

- 新建一个仪表板。
- 依次双击三张工作表。
- 调整工作表位置，隐藏不必要的图例，同时调整仪表板至适当大小，结果如图 10-3-16 所示。

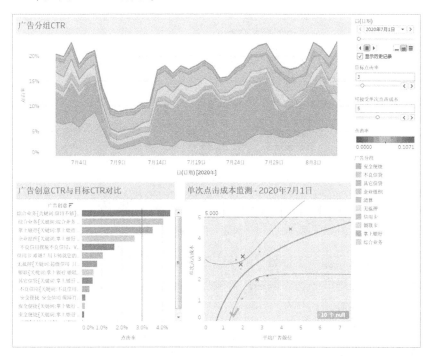

图 10-3-16 "网络广告投放分析"仪表板

- 创建一个"突出显示"操作，设置如图 10-3-17 所示。
  - ▪ 在"源工作表"选区中勾选刚创建好的三张视图复选框，单击"选择"按钮。
  - ▪ 在"目标工作表"选区中勾选刚创建好的三张视图复选框。
  - ▪ 在"目标突出显示"选区中单击"选定的字段"单选按钮，并在右侧的列表框中勾选"广告创意"复选框。

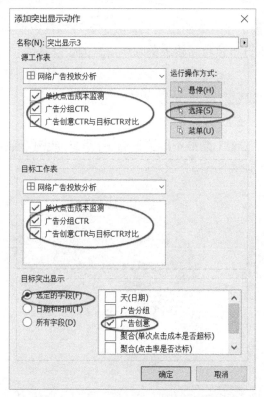

图 10-3-17　创建"突出显示"操作

- 为仪表板添加一个标题"网络广告投放分析"。
- 将该工作簿命名为"网络广告投放分析"。
- 保存工作簿。

最后，结果如图 10-3-18 所示，图中我们可以自己设定一个目标点击率、可接受单次点击成本值，然后观察分析实际的网络广告投放情况。当我们单击任意一张视图中某处时，另两张视图也只突显相对应的数据。当然，这里我们也可以单击右上角的播放按钮，以观察单次点击成本的动态变化情况。有了这个仪表板，我们就可以非常方便地从各个角度来分析此次网络广告的投放数据了。

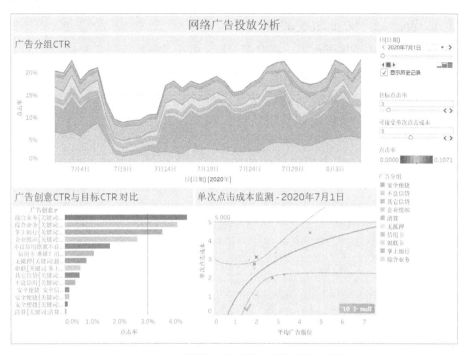

图 10-3-18 "网络广告投放分析"最终效果图

10.4 本章小结

本章主要通过三个案例介绍了如何做出更加生动形象的仪表板，比如，使用形象的图标对原有图形进行再加工，以增加仪表板的"说话"能力；用颜色来区分类别，以提升仪表板中图形的展现力和丰富度，等等。

10.5 练习

（1）在 10.1 节仪表板中将"赔付额"和"索赔额"的区间分别固定为 "4000-6000"与"8000-10000"

（2）在 10.1 节仪表板中，将"赔付额"的小数位数保留后两位。

（3）在 10.3 节中改变参数的"步长"为 0.5。

（4）在 10.3 节中更改"页面"框内"日期"字段的播放设置，使其按"月"进行播放。

第 **11** 章

设计个性化背景

本章你将学到下列知识：

- 如何在一张视图中嵌入特定的图片。
- 背景图片的数据点定位。
- 如何将形状图标替换成自定义图片。

11.1 NBA 赛事分析

扫码看视频

本节，我们利用 2016—2017 季度 NBA 季后赛的部分数据来作分析。原始数据记录的是 279 名球员在各个指标上的场均得分情况。下面讲述制作"球员得分"视图的具体步骤。

首先，我们来制作一张"球员得分"视图，从视图中我们想看到每位球员打了多少场比赛，场均得分是多少，总得分是多少。此外，我们还想在视图中嵌入一张现场比赛的背景图片，让整个视图看起来更加生动。

在制作视图之前，先来介绍一下如何嵌入背景图片。在 Tableau 中，若要往某张工作表（非仪表板）内嵌入一张图片，并且在图片上要显示数据，我们需要事先决定图片的"尺寸"，比如，图片的"长"是多少、"宽"是多少，这里不以像素为单位来记图片的大小。当我们决定了图片的长、宽之后，将图片的"长"作为视图横轴的最大刻度，"宽"作为视图纵轴的最大刻度。

然后进行图片嵌入的操作。将 Tableau 连接到数据源"NBA 2016-2017 季后赛球员数据统计.xls"，操作步骤如下。

- 将鼠标指针移至菜单栏"地图"菜单下的"背景图像"选项，单击刚才所连接的数据源，如图 11-1-1 所示，弹出添加背景图片的对话框。
- 单击"添加图像"按钮，弹出如图 11-1-2 所示对话框。

在图 11-1-2 中，在"名称"处可以为此背景图片命名；往下是文件地址输入框，将我们所要嵌入的图片的地址输入框内或单击"浏览"，选择图片；接下来是"X 字段"选区和"Y 字段"选区，其右侧是图片预览区。在"X 字段""Y 字段"选区上，我们需要输入一个字段，即告知图片的 X 字段代表什么，Y 字段代表什么，这里 Tableau 自动识别出数据源中"度量"列表框里的第一个字段。然后，对 X 字段，从左到右，在"左"处输入起始值，"右"处输入终点值，即指定图片的"长度"；对 Y 字段，从下到上，在"下"处输入起始值，在"上"处输入终点值，即指定图片的"宽（高）度"。

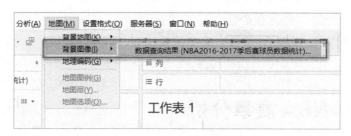

图 11-1-1　导入背景图片

图 11-1-2　编辑添加背景图片

当然，我们也可以不用数据源中的某个字段来代表图片的 X 字段或 Y 字段。我们可以在数据源中添加两个字段，即"X""Y"，或者新建一个数据表，输入"X""Y"字段，然后用该数据表连接图片，导入图片之后可以保存成书签，以便下次调用。

此处分析中，我们用"出场"的次数代表横轴，"得分"的多少代表纵轴，因为我们想在此背景图片中显示每位球员出场和得分的关系图。在"X 字段"下拉列表中选择"出场"选项后，我们还需输入起始值、终点值。我们不知道"出场"的最大值，不确定在"X 字段"选区中"右"处应输入一个多大的数。其实，这很简单，我们只要新建一张工作表，将"球员""出场"字段依次拖曳至"行"功能区和"列"功能区，然后降序排列，如图 11-1-3 所示，发现所有球员中"出场"的次数最高为 82 次，那我们就可以确定在"X 字段"选区中"右"处输入多大的值了，这里输入 85 就可以了。对于确定"Y 字段"选区中"上"处的输入值，可以用同样的方法。

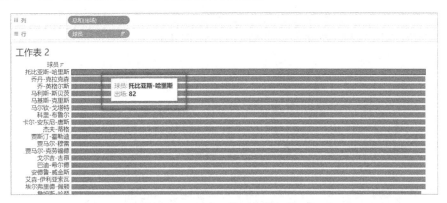

图 11-1-3 "球员出场次数"展示

紧接图 11-1-2 继续如下操作，如图 11-1-4 所示。

- 单击"浏览"按钮，浏览图片所在位置，导入图片。
- "X 字段"下拉列表选择"出场"选项，"左"处输入 0，"右"处输入 85。
- "Y 字段"下拉列表选择"得分"选项，"下"处输入 0，"上"处输入 32。
- 滑动"冲蚀"滑块至适当位置，将图片亮度稍微冲淡一些，以免影响视图的查看。
- 单击"确定"按钮。
- 在背景图片对话框中再单击"确定"按钮。

图 11-1-4　编辑添加背景图片

　　这样，我们就设置好背景图片了，当我们将"出场""得分"字段拖曳至对应的轴上时，图片就显示出来了。如果"出场""得分"字段位置放反了，图片仍会显示出来，只是相当于转置了一下而已。

- 将"出场""得分"字段依次拖曳至"列"功能区和"行"功能区。

  这时，大家会看到显示出的图片非常小（左下角几乎看不到），为什么呢？因为，当我们将"出场""得分"字段拖曳至对应的轴上时，Tableau显示的是它们的汇总值，而其汇总值要比我们设置的图片的长或宽大得多，仔细看一下横轴/纵轴上的刻度就明白了。这时，我们有两种选择，一是单击菜单栏"工作表"菜单，在下拉菜单中取消勾选"聚合度量"复选框；二是将"球员"字段拖曳至视图区，这样"出场""得分"就被分解到每个球员身上了，这里我们选择后者。

- 右键横轴，在弹出的快捷菜单中选择"编辑轴"选项，固定轴范围为 50-85。回到背景图片设置框，将图片位置同样设置。

- 创建一个新字段：总得分=[得分]*[出场]，即每个球员所有场次的得分总和。

- 将"总得分"字段拖曳至"大小"框。

- 将"球队"字段拖曳至"详细信息"框。

- 将标记类型设为"圆"。

- 修改"工具提示"格式，如图 11-1-5 所示，并单击"确定"按钮。
- 将工作表命名为"球员得分概况"，保存工作簿。

图 11-1-5 修改"工具提示"格式

最后结果如图 11-1-6 所示，从图中我们可以发现勇士队的凯文-杜兰特在总得分上是最高的。本视图的分析比较简单，主要目的是向大家介绍如何嵌入背景图片到工作表中。图片的位置和大小可以在图片导入的选项中调节，也可以选择和数据匹配的图片调节。在 12.2 节中，我们还将进一步介绍背景图片的使用，同时介绍如何将自己制作好的图标或图片导入到 Tableau 中，从而让个性化定制的图标来展示我们的数据。

图 11-1-6 "球员得分概况"视图

11.2 货架图分析

货架图分析在现在的零售业中变得越来越重要，尤其是在超市零售业中。如果你经常去一家超市购物，突然有一天你发现，某个货架上的商品摆放方式变了，或者以前摆放洗涤用品的货架现在搬到另一个区域了。这其实是超市管理人员在分析顾客的购物行为及相关数据后，改变了商品的摆放方式或位置，更方便顾客购物，为顾客提供更好的购物体验。

本节，我们要制作一份销售分析报告。在仪表板中，通过单击各产品类别货架，相应地显示出该货架上的产品图片及其销售变化趋势。我们所分析的数据是模仿了一家中型超市公司五家单店的销售数据。

11.2.1 制作"货架图"视图

我们先来制作第一张视图，该视图需要嵌入一张超市货架图作为背景，使得最后将视图整合到仪表板中时，单击某一货架上的产品，相应地显示出该产品的图片及其销售的变化趋势，具体步骤如下。

- 将 Tableau 连接到数据源"某超市公司五店销售数据.xlsx"。
- 将"订单号"字段拖曳至"维度"列表框。
- 单击菜单栏中的"地图"菜单，将鼠标指针移至下拉菜单的"背景图像"选项，单击刚才连接到的数据源。
- 单击"添加图像"按钮。
- 在弹出的对话框中，导入超市货架图，并在"X 字段"下拉列表中选择"X"，"左"处输入 0，"右"处输入 10；"Y 字段"下拉列表中选择"Y"，"下"处输入 0，"上"处输入 10。如图 11-2-1 所示，单击"确定"按钮。

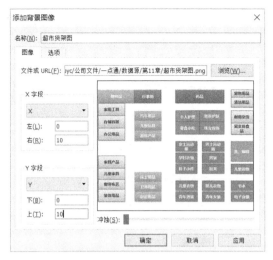

图 11-2-1　导入图片并设置尺寸

这里，"X 字段"下拉列表选择"X"、"Y 字段"下拉列表选择"Y"是因为在原始数据中添加了两个字段"X""Y"，字段的值即货架图上各产品类别的坐标值。

- 在背景图对话框中再次单击"确定"按钮。
- 将"X"字段拖曳至"列"功能区中，"Y"字段拖曳至"行"功能区。
- 单击菜单栏中的"分析"菜单，在下拉菜单中取消勾选"聚合度量"复选框。
- 将"产品类别"字段拖曳至"详细信息"框。

结果如图 11-2-2 所示，我们看到在各产品类别上都有一个小圆圈，有些影响视线，我们可以作如下操作将其隐藏掉。

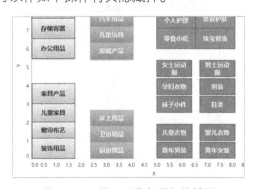

图 11-2-2　设置"货架图"的结果

- 单击"颜色"框，将颜色设为白色，将不透明度设为 0%，如图 11-2-3 所示，这样在视图区就只会看到货架图，看不到小圆圈了。
- 将"形状"框调整为内空正方形，如图 11-2-4 所示。
- 滑动"大小"框下的滑块，调整"正方形"图标至适当大小，如图 11-2-5 所示。

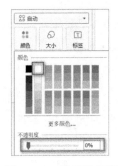

图 11-2-3 设置透明度　　图 11-2-4 调整形状　　图 11-2-5 滑动"大小"框下的滑块

　　这里说明一下，最终在仪表板中单击货架图上某个产品类别时，其实就是单击刚才隐藏掉的"正方形"图标，所以滑动"大小"框下的滑块将"正方形"图标调至适当大小，以方便最后的单击。

- 将工作表命名为"货架图"，保存工作簿。

　　最后，"货架图"视图如图 11-2-6 所示，当我们单击各产品类别方框的中间位置时，就会显示出刚才所设置的"正方形"图标，信息栏里显示该图标的坐标数据及产品类别信息。

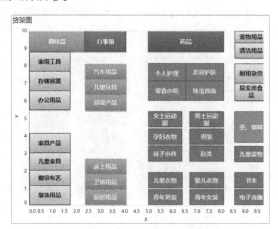

图 11-2-6 "货架图"视图

11.2.2 制作"各门店销售趋势"视图

制作好"货架图"视图之后，我们需要制作一张"各门店销售趋势"视图，以观察各门店在各产品类别上的销售情况。

将 Tableau 连接到数据源"某超市公司五店销售数据.xlsx"，操作步骤如下。

- 将"订单日期""销售额"字段依次拖曳至"列"功能区和"行"功能区。
- 将"订单日期"字段格式调整为度量的"年月"。
- 双击"门店名称"字段将其添加到视图或直接将其拖曳至"颜色"框。
- 单击"智能推荐"选项卡，选择"面积图(连续)"。
- 右击"颜色"框内的"门店名称"字段，在弹出的快捷菜单中选择"排序"选项，在弹出的对话框中，调整门店的顺序，如图 11-2-7 所示，然后单击"确定"按钮。
- 将"利润额"字段拖曳至"详细信息"框。
- 将工作表命名为"各门店销售趋势"，保存工作簿。

图 11-2-7 手动排序对话框

最后结果如图 11-2-8 所示，从图中我们发现，在每个月的销售累计中，各门店的销售额占比都相当，只有一店销售额较低。另外，一、二、三、四店的销售额波动都很大，只有五店的销售额较为平稳。

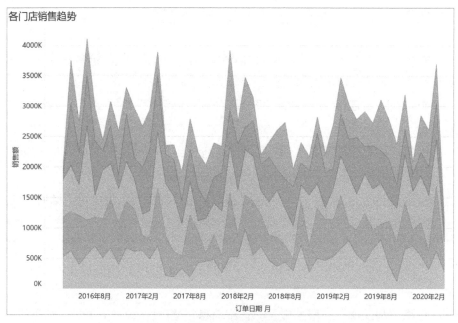

图 11-2-8 "各门店销售趋势"视图

11.2.3　导入各产品类别图片

这一部分，我们要介绍如何将自己个性化定制的图标或图片导入 Tableau，从而可以在视图中使用自己的图标展示数据。这里我们要将各产品类别的图片导入 Tableau 中当作图标来使用，最后在仪表板中，当我们单击货架图上某类产品时，另一张视图就显示出该产品的图片。

要将个性化定制的图标或图片导入 Tableau 的步骤非常简单。Tableau 安装完后，其默认的外部图标文件路径是在：计算机—本地磁盘（C）—用户—Administrator—我的文档—我的 Tableau 存储库—形状文件夹，双击打开形状文件夹，可以看到里面包含了各类图标集的子文件，如图 11-2-9 所示，双击打开各个文件夹，可以看到各种各样的图标。我们可以将自己的图标或图片复制到某个文件夹里。这里，我们将各产品类别的图片复制到 KPI 文件夹里（或创建新文件夹）。

- 选中所有产品类别图片，按住 Ctrl+C 组合键，打开：我的文档—我的 Tableau 存储库—形状—KPI，再按住 Ctrl+V 组合键，就将产品类别图片导入进来了，如图 11-2-10 所示。

图 11-2-9 图标文件夹

图 11-2-10 选中要使用的图标

将各产品类别图片导入到 Tableau 文件默认存储路径后，回到 Tableau 桌面分析端界面，继续如下操作。

- 新建工作表，将"产品类别"字段拖曳至"行"功能区。
- 将标记类型设为"形状"，将"产品类别"字段拖曳至"形状"框，如图 11-2-11 所示。
- 双击如图 11-2-12 所示的"产品类别"形状图例，弹出编辑形状对话框。

图 11-2-11　标记类型　　　　　图 11-2-12　"产品类别"形状图例

- 在弹出的对话框中，单击"选择形状板"下拉按钮，在弹出的下拉列表中选择"KPI"选项，如图 11-2-13 所示。

图 11-2-13　选择自定义的图片

- 单击"重载形状"按钮，就可以看到我们刚才所导入的图片了。
- 在左侧选择某种产品类别，然后在右侧选择与其对应的图片，对所有产品类别重复此操作，就实现了每一种产品类别用与之对应的图片来表示，如图 11-2-14 所示，最后单击"确定"按钮。
- 将工作表命名为"各产品图片"，保存工作簿。

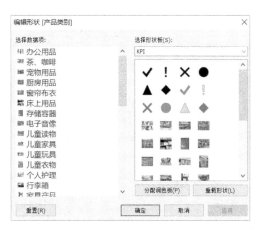

图 11-2-14　编辑"产品类别"的形状

　　结果如图 11-2-15 所示，可以看到各产品类别右侧都是与其相对应的图片。这里，大家可能会觉得图片太小，不过这没有很大关系。在仪表板中，我们是单独观察每一种产品类别，所以这里，如果只显示一张图片且全屏视图，同时滑动"大小"框下的滑块至适当位置以调整图片大小，效果就好多了，如图 11-2-16 所示。当然，因为这里的图片是当作图标来用的，所以也不能很大。在需要用到个性化的图标时，一般是将该图标用在其他视图上来代表特定的字段。此处，我们将导入的图标当作图片来使用，因为我们要在仪表板中展示出各产品类别的图片，图片显示的尺寸大小不会影响我们的分析，展示出各产品类别的图片更多是为了使可视化的分析过程更加形象。

图 11-2-15　编辑结果　　　　　　　图 11-2-16　编辑效果

11.2.4　制作"货架分析报告"仪表板

在制作好后上述三张视图之后，我们就可以把它们整合到一个仪表板上了。新建一个仪表板，做如下操作。

- 依次双击三张视图，将其添加到仪表板。
- 隐藏"产品类别"筛选器及其图片图例，以免占用空间。
- 调整三张视图和门店名称图例在仪表板内的位置。
- 选中"各产品图片"工作表，将其切换为"整个视图"。
- 选中"各产品图片"工作表标题框，右击，在弹出的快捷菜单中勾选"隐藏标题"复选框，同时选中"办公用品"四个字，右击，在弹出的快捷菜单中取消勾选"显示标题"复选框。
- 设置一个操作为"筛选器"的动作，做如下设置。
  - "源工作表"选区中单击"货架图"复选框；
  - "运行操作方式"勾选"选择"按钮；
  - "目标工作表"选区中勾选"各门店销售趋势""各产品图片"复选框；
  - 勾选"排除所有值"复选框；
  - 单击"确定"按钮。
- 选中"货架图"工作表，将其切换为"整个视图"，并将其标题改为"请点击产品类别，显示其图片并查看其趋势"，并设置向左靠齐。
- 选中"货架图"工作表，执行"工作表"—"工具提示"命令，在弹出的对话框中将工具提示信息全部删除，这样当将鼠标指针移至货架图上某点时，不会显示信息栏。
- 选中"各产品销售趋势"工作表标题框，右击，在弹出的快捷菜单中勾选"隐藏标题"复选框。
- 为仪表板添加一个标题"货架分析报告"。
- 保存工作簿。

最后结果如图 11-2-17 所示，单击货架图中某一产品类别，比如，单击"茶、咖啡"时，结果如图 11-2-18 所示，各门店销售趋势图中就只显示"茶、咖啡"在五家门店的销售变化情况，右下角显示"茶、咖啡"的图片。单击货架图中任意一种产品类别，都会显示其图片和销售变化趋势。

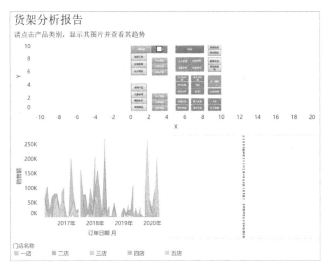

图 11-2-17 "货架分析报告"视图

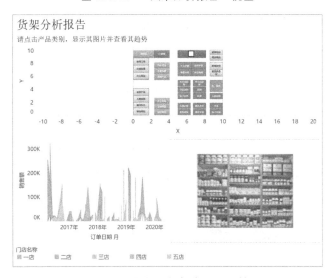

图 11-2-18 "货架分析报告"最终效果图

11.3 本章小结

本章主要介绍了如何在一张工作表中嵌入背景图片，在背景图片中展示数据，如此使得整个数据分析过程更加生动、可视化。如果要在一个仪表板中嵌入一张图片，操作更加简单，只需在仪表板中将"对象"下的"图像"拖曳至仪表板区即可。另外，还介绍了如何将外部图标或图片导入 Tableau，从而在后期的制图中使用个性化的图标来展示数据。

11.4 练习

（1）选择一张背景图片，将 11.1 节的背景图片进行替换。

（2）利用货架数据制作产品展示仪表板，左侧展示产品图片，右侧展示产品信息。

（3）加入动态筛选器，完成图片和产品信息的筛选。

（4）适配到手机页面，观察产品信息页面。

（5）思考如何在有限的页面上，有效组织和展示信息。

第 **5** 部分

实 际 应 用

通过以上章节对 Tableau 产品的功能介绍，以及第一手案例的制作展示，相信你对 Tableau 已经有了比较深刻的了解。下一部分为案例的集中演习，数据将在博文视点的网站或博易智讯的网站免费提供给读者下载。

- 第 12 章　中国楼市降温的分析

- 第 13 章　Tableau 官网访问数据分析

- 第 14 章　伦敦巴士线路可视化

第12章

中国楼市降温的分析

本章你将学到下列知识：

- 双轴图：不同量纲数据的观察对比，如观察房屋建设增长情况。
- 如何利用仪表板表格文字突出重点指标。
- 如何利用强烈的颜色对比突出信息。

12.1 中国楼市分析

2014 年，全国楼市持续降温，房价走低，跌声一片。近期楼市又进入了转折期，让我们回顾一下 2014 年的情况，观察一些历史的相同和不同。

2014 年 7 月 18 日，中华人民共和国国家统计局发布 2014 年 6 月份 70 个大中城市住宅销售价格变动情况统计表，结合前 5 个月的情况，我们发现，除北京等个别城市外，绝大多数城市的房价开始呈持续下降态势。我们运用 Tableau，进行了 2014 年上半年住宅类房价变动情况的研究，通过多种形式的图表，呈现出房价与 GDP、CPI 的关系，以及进行住宅楼市施工、销售方面的调查分析。

该案例以 Excel 类型数据"楼市降温"作为分析的数据源，该 Excel 工作簿包含 8 张 Sheet 表，分别为"2013 年 70 个大中城市工资与房价""2014 年 2—6 月房地产施工竣工面积""2014 年 2—5 月住宅销售额""2014 年 2—5 月住宅销售面积""2014 年 1—6 月 70 个大中城市 CPI""2014 年 1—6 月不同类别的住宅销售价格同环比""2004—2013 年房价与 GDP""2014 年 2—

5 月住宅投资"。下面，我们分别以这些数据作为数据源制作"楼市降温"仪表板。

12.1.1 制作购房计算器

扫码看视频

基于目前房价过高，人们买房压力过大的现状，我们为"楼市降温"仪表板制作了一个趣味性的引子，基于 2013 年不同城市城镇就业人员的年平均工资和 2013 年 12 月住宅商品房平均销售价格创建计算，通过选择不同城市和不同行业，即可计算出不同城市和不同行业的年平均工资、可购买住宅商品房的平方米数，以及不吃不喝购买 90 平方米住宅商品房所需的年数。其操作步骤如下。

- 新建一个工作簿，命名为"楼市降温"，将 Tableau 连接到数据源"2013 年 70 个大中城市工资与房价.sheet"，转到工作表。
- 右击工作表左侧"数据窗口"，在弹出的快捷菜单中选择"创建计算字段"选项，分别将左侧"度量"列表框中的"年平均工资（元）""平均房价（元/m²）"两个字段拖曳至弹出的"创建计算字段"对话框中计算字段公式输入窗口，创建"年平均工资购买住宅平方米数"字段，计算公式如图 12-1-1 所示。

图 12-1-1　创建计算字段"年平均工资购买住宅平方米数"

- 将新创建的字段"年平均工资购买住宅平方米数"分别拖曳至"标记"卡的"大小"框和"标签"框，并将标记类型设为"圆"，同时将"城市"和"行业"两个字段也分别拖曳至"标记"卡的"标签"框，得到

所有城市、行业"年平均工资购买住宅平方米数"视图，如图 12-1-2
所示。

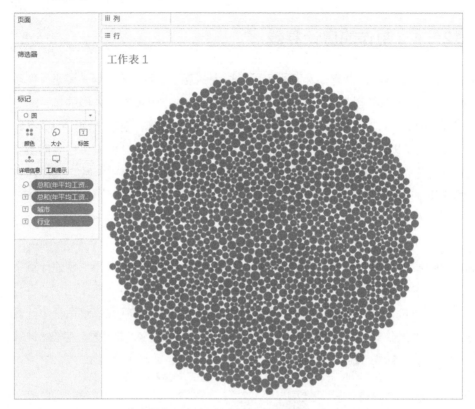

图 12-1-2　所有城市、行业"年平均工资购买住宅平方米数"视图

- 右击"维度"列表框中的"城市"和"行业"两个字段，在弹出的快捷
  菜单中选择"显示筛选器"选项，然后分别单击"城市"和"行业"筛
  选器右上角的下拉按钮，选择"单值（下拉列表）"选项。
- 单击"工具栏"中的"标签"图标显示标签。选中"标记"卡中的标签
  字段，通过上下拖动标签字段来改变视图中标签的显示顺序；单击
  "标记"卡中的"标签"框，编辑标签中显示的文本信息，具体操作
  如图 12-1-3、图 12-1-4、图 12-1-5 所示。

图 12-1-3　改变视图中标签的显示顺序

图 12-1-4　打开"编辑标签"对话框

图 12-1-5　"编辑标签"对话框

- 调整视图横、纵向大小，将该工作表命名为"年平均工资购买住宅平方
  米数"，其结果如图 12-1-6 所示。

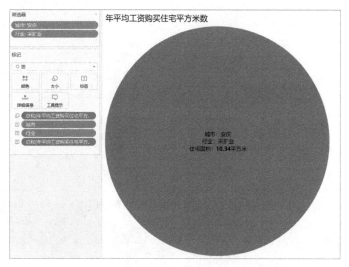

图 12-1-6 "年平均工资购买住宅平方米数"视图

- 同理，制作"不吃不喝购买 90 平方米住宅所需的年数"工作表，其制作过程和"年平均工资购买住宅平方米数"工作表的制作过程一样，在这里就不赘述了。其中，不同的是需要创建"不吃不喝购买 90 平方米住宅所需的年数"字段，其计算公式如图 12-1-7 所示。

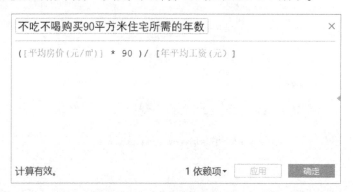

图 12-1-7 创建计算字段"不吃不喝购买 90 平方米住宅所需的年数"

- 按照"年平均工资购买住宅平方米数"工作表的制作过程制作"不吃不喝购买 90 平方米住宅所需的年数"工作表。最后调整视图横、纵向大小，将该工作表命名为"不吃不喝购买 90 平方米住宅所需的年数"，其结果如图 12-1-8 所示。

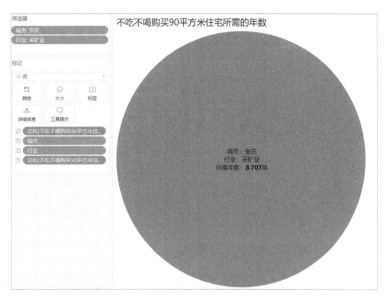

图 12-1-8 "不吃不喝购买 90 平方米住宅所需的年数"视图

12.1.2 制作"房价与 GDP 关系"视图

这一部分,我们将基于近 10 年来住宅商品房平均销售价格增长率、GDP 增长率的数据,制作两者对比变化的时间序列图,具体操作步骤如下。

- 新建工作表,将 Tableau 连接到数据源"2004—2013 年房价与 GDP.sheet",转到工作表。
- 将"年份"字段拖曳至"列"功能区,将"平均房价涨幅"字段和"GDP 涨幅"字段拖曳至"行"功能区,将标记类型设为"线"。
- 设置双轴。在"行"功能区中选择"GDP 涨幅"字段,右击,在弹出的快捷菜单中选择"双轴"选项。
- 设置同步轴。在视图右侧"GDP 涨幅"纵轴处右击,在弹出的快捷菜单中选择"同步轴"选项。
- 设置编辑轴。分别选择左右两侧的轴,右击,在弹出的快捷菜单中选择"编辑轴"选项。在"编辑轴"对话框中,分别将左右两轴的标题更改为"住宅商品房平均销售价格增长率""GDP 增长率",如图 12-1-9 所示。

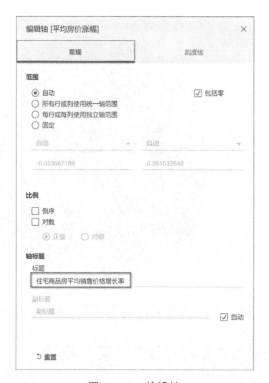

图 12-1-9　编辑轴

- 调整视图中字段的颜色。单击"标记"卡中的"颜色"框，打开编辑颜色对话框，在对话框中，对两个字段分别赋予不同的颜色，以示区别，如图 12-1-10 所示。

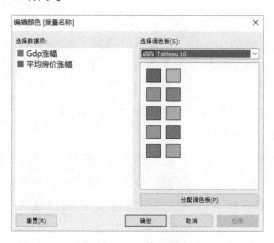

图 12-1-10　编辑颜色

- 根据图例颜色，在视图中为每条折线添加注释。在视图中的恰当位置选中"GDP 增长率"字段的一个标记点，右击，在弹出的快捷菜单中执行"添加注释"—"标记"命令，在编辑注释对话框中输入"GDP 增长率"。同理，为"住宅商品房平均销售价格增长率"折线添加注释。然后设置两个注释的格式，选中注释，右击，在弹出的快捷菜单中选择"设置格式"选项，在视图左侧"设置注释格式"选区中按图 12-1-11 进行格式设置。

图 12-1-11 设置注释格式

- 调整视图横、纵向大小，将该工作表命名为"2004—2013 年平均房价与 GDP 增长率对比分析"，结果如图 12-1-12 所示。

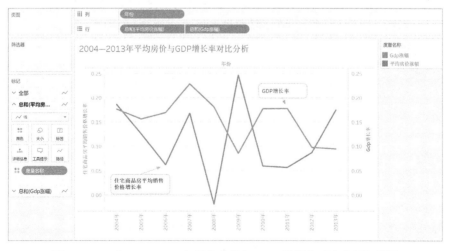

图 12-1-12 "2004—2013 年平均房价与 GDP 增长率对比分析"视图

从图 12-1-12 中可以看出，在 2008 年之前，平均房价与 GDP 增长率大致呈正相关，而在 2008 年之后，两者则大致呈负相关。

12.1.3　制作"房价变化全国分布"视图

扫码看视频

这一部分，我们将基于 2014 年 1—6 月全国 70 个大中城市不同类别的住宅销售价格的同比、环比数据，制作房价变化全国分布视图。

- 新建工作表，将 Tableau 连接到数据源"2014 年 1—6 月不同类别的住宅销售价格同、环比"，转到新建工作表；
- 将地理字段匹配地理角色。在"数据"选项卡的"维度"列表框中选中"城市"字段，右击，在弹出的快捷菜单中执行"地理角色"—"城市"命令。
- 双击"城市"字段，生成基于全国城市级别的地图，在"标记"卡中将标记类型设为"形状"。
- 将"月份"字段和"类别"字段分别添加为"筛选器"，月份设为"1 月"，类别设为"二手住宅"，并设置成"单值（下拉列表）"的形式。
- 将"环比"字段拖曳至"标记"卡下的"形状"框，单击"形状"框，打开编辑形状对话框，在该对话框中，将环比值小于 100 的选项设置成已填充的"下三角"图标，将环比值等于 100 的选项设置成已填充的"右三角"图标，将环比值大于 100 的选项设置成已填充的"上三角"图标，以示区别房价的增减或持平，具体设置如图 12-1-13 所示。

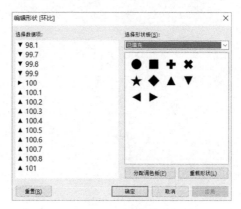

图 12-1-13　编辑环比形状

- 将"环比"字段拖曳至"标记"卡下的"颜色"框，右击，在弹出的快捷菜单中选择"离散"选项。单击"颜色"框，打开编辑颜色对话框，在该对话框中，将环比值小于 100 的选项设置成"绿色"，将环比值等于 100 的选项设置成"黄色"，将环比值大于 100 的选项设置成"红色"，以示区别房价的增减或持平，具体设置如图 12-1-14 所示。

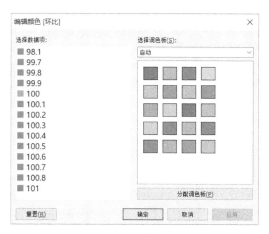

图 12-1-14 编辑环比颜色

- 调整标记大小，调整视图横、纵向大小，将该工作表命名为"2014 年 1—6 月大中城市不同类别的住宅销售价格环比分析"，其结果如图 12-1-15 所示。

图 12-1-15 "2014 年 1—6 月大中城市不同类别的住宅销售价格环比分析"视图

12.1.4　制作"环比变化城市排名"视图

这一部分中，我们将制作 2014 年 1—6 月 70 个大中城市不同类别住宅房价环比排名视图，从而直观地看出全国整体的环比变化情况。

- 新建一张工作表，将 Tableau 连接到数据源"2014 年 1—6 月不同类别的住宅销售价格同比、环比"。
- 创建计算字段"环比变化"，如图 12-1-16 所示。

图 12-1-16　创建计算字段"环比变化"

- 将"城市"字段拖曳至"列"功能区中，将"环比变化"字段拖曳至"行"功能区。
- 对"城市"字段排序。右击"列"功能区中的"城市"字段，在弹出的快捷菜单中选择"排序"选项，按照环比总计进行升序排列，如图 12-1-17 所示。

图 12-1-17　"城市"字段排序

- 将"月份"字段和"类别"字段分别添加为"快速筛选器",并设置成
  "单值(下拉列表)"形式。
- 将"环比"字段拖曳至"标记"卡下的"颜色"框,右击,在弹出的快
  捷菜单中选择"离散"选项。
- 调整视图横、纵向大小或在工具栏中选择"适合宽度",将该工作表命
  名为"2014 年 1—6 月大中城市不同类别的住宅销售价格环比变化排
  名",其结果如图 12-1-18 所示。

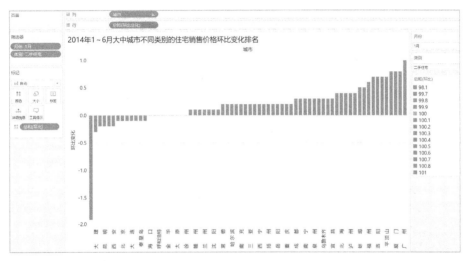

图 12-1-18 "2014 年 1—6 月大中城市不同类别的住宅销售价格环比变化排名"视图

12.1.5 制作"房价与 CPI 的关系"视图

这一部分,我们将制作 2014 年 1—6 月 70 个大中城市不同类别住宅房价
环比与 CPI 环比之间关系的视图。

- 新建一张工作表,选择数据源"2014 年 1—6 月不同类别的住宅销售价
  格同、环比",将该数据源中的"月份"字段拖曳至"列"功能区,将
  "同比"字段拖曳至"行"功能区。
- 将 Tableau 连接到数据源"2014 年 1—6 月 70 个大中城市 CPI",转到
  上面的工作表中,将该数据源中的"CPI 同比"字段拖曳至"行"功能
  区,设置双轴,并同步轴。
- 将"标记"卡下的标记类型设为"线"。

- 将数据源"2014 年 1—6 月不同类别的住宅销售价格同、环比"中的"城市"字段和"类别"字段添加为"筛选器"，将数据源"2014 年 1—6 月 70 个大中城市 CPI"中的"城市"字段拖曳至"筛选器"功能区，所有筛选器设置成"单值（下拉列表）"形式。

- 在纵轴上右击，在弹出的快捷菜单中选择"编辑轴"选项，将两条纵轴的范围都固定成 89—122，如图 12-1-19 所示。

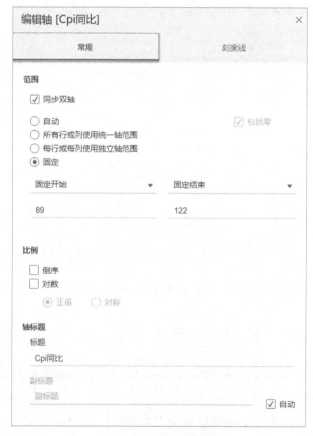

图 12-1-19　编辑轴范围

- 添加常量参考线。在纵轴右击，在弹出的快捷菜单中选择"添加参考线"选项，在"编辑参考线、参考区间或框"对话框中，设置一条值为 100 的常量参考线，具体设置如图 12-1-20 所示。

图 12-1-20 编辑值为 100 的常量参考线

- 调整视图横、纵向大小，将该工作表命名为"2014 年 1—6 月 70 个大中城市不同类别住宅销售价格与 CPI 的同比对比分析",其结果如图 12-1-21 所示。

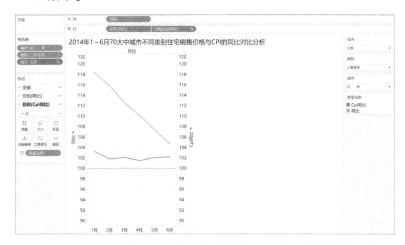

图 12-1-21 "2014 年 1—6 月 70 个大中城市不同类别住宅销售价格
与 CPI 的同比对比分析"视图

12.1.6　制作销售情况的视图

这一部分，我们将基于 2014 年 2—5 月现期房的累计销售面积、累计销售额和两者的累计增长率，制作销售情况的视图，具体操作步骤如下。

- 新建一个工作表，将 Tableau 连接到数据源 "2014 年 2—5 月住宅销售面积"，转到新建工作表。
- 将 "月份" 字段拖曳至 "列" 功能区，将 "累计销售面积（万平方米）" "累计增长" 字段分别拖曳至 "行" 功能区，并将 "现期房" 字段拖曳至 "标记" 卡下的 "全部" 标记的 "颜色" 框，并编辑 "现期房" 字段和 "现期房" 字段的颜色。
- 将 "累计销售面积（万平方米）" 标记的标记类型设为 "条形图"，将 "累计增长" 的标记类型设为 "线"，设置双轴。
- 编辑 "累计销售面积（万平方米）" 轴范围，起点为 0，如图 12-1-22 所示。右击 "累计增长" 轴，在弹出的快捷菜单中选择 "添加参考线" 选项，添加一条值为 0 的常量参考线，如图 12-1-23 所示。

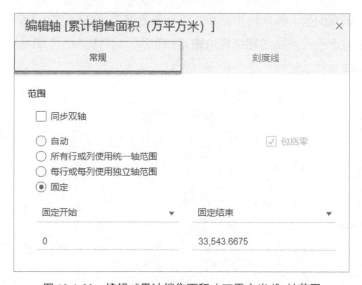

图 12-1-22　编辑 "累计销售面积（万平方米）" 轴范围

图 12-1-23　编辑值为 0 的常量参考线

- 根据图例颜色，在视图中为两个颜色的折线添加"点"注释，为两个颜色的条形图添加"面积"注释。在视图中的恰当位置选中"期房累计增长"字段的一个点，右击，在弹出的快捷菜单中执行"添加注释"—"点"命令，在编辑注释对话框中输入"期房累计增长"。同理，为"现房累计增长"折线添加注释。在视图中的条形图区域右击，在弹出的快捷菜单中执行"添加注释"—"区域"命令，在编辑注释对话框中输入"期房累计销售面积"。同理，为"现房累计销售面积"条形图区域添加注释。然后设置两个注释的格式。

- 调整视图横、纵向大小，将该工作表命名为"2014 年 2—6 月现期房的累计销售面积及累计增长"，其结果如图 12-1-24 所示。

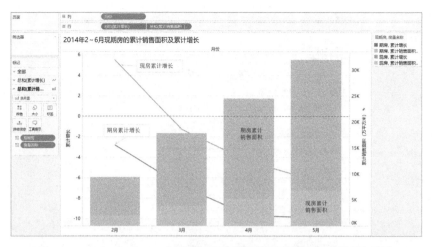

图 12-1-24 "2014 年 2—6 月现期房的累计销售面积及累计增长"视图

- 新建工作表，将 Tableau 连接到数据源"2014 年 2—5 月住宅销售额"，转到新建工作表。

- 同理，按照"2014 年 2—6 月现期房的累计销售面积及累计增长"工作表的制作过程，利用该数据中的"月份""累计销售额（亿元）"和"累计增长"字段制作"2014 年 2—6 月现期房的累计销售额和累计增长"视图。

- 调整视图横、纵向大小，将该工作表命名为"2014 年 2—6 月现期房的累计销售额及累计增长"，其结果如图 12-1-25 所示。

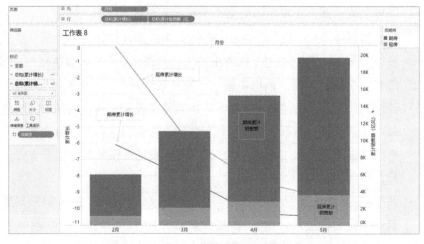

图 12-1-25 "2014 年 2—6 月现期房的累计销售额及累计增长"视图

12.1.7 制作施工情况的视图

这一部分，我们将基于 2014 年 2—6 月新开工、竣工的商品住宅的累计面积及两者面积的累计增长率，制作商品住宅施工面积随时间变化的视图，操作步骤如下。

- 新建工作表，将 Tableau 连接到数据源"2014 年 2—6 月房地产新开工、竣工面积"，转到新建工作表。
- 将"月份"字段拖曳至"列"功能区，将"累计增长"字段拖曳至"行"功能区中；将"工程类别"字段拖曳至"标记"卡下的"颜色"框。将"累计增长"标记的标记类型设为"形状"，单击"形状"框，选择黑色实心圆形。
- 再将"累计增长"字段拖曳至"行"功能区，将该"累计增长"标记的标记类型设为"线"，设置双轴，并同步轴。
- 将"累计增长面积（万平方米）"字段分别拖曳至"标记"—"总和（累计增长）"标记下的"大小"框和"标签"框。
- 在左右"累计增长"轴的任意一轴上右击，在弹出的快捷菜单中选择"添加参考线"选项，添加一条值为 0 的参考线，如图 12-1-26 所示。

图 12-1-26 编辑常量参考线

- 调整视图横、纵向大小，将该工作表命名为"2014 年 2—6 月新开工、竣工的商品住宅累计增长面积及累计增长率"，其结果如图 12-1-27 所示。

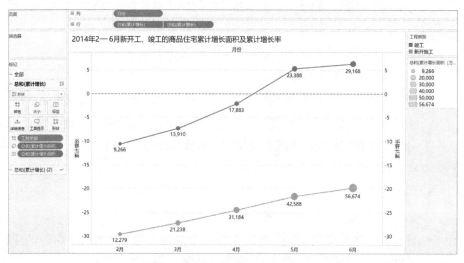

图 12-1-27 "2014 年 2—6 月新开工、竣工的商品住宅累计增长面积及累计增长率"视图

12.1.8 制作投资情况的视图

在这一部分，我们将基于 2014 年 2—6 月房地产总累计投资、三类商品住宅累计投资及上述所有类别的累计增长率，制作 2014 年 2—6 月商品住宅投资情况随时间变化的视图，具体步骤如下。

- 新建工作表，将 Tableau 连接到数据源"2014 年 2—5 月住宅投资"，转到新建工作表。
- 将"类别""月份"字段分别拖曳至"列"功能区，将"累计投资（亿元）"字段拖曳至"行"功能区；将"累计投资（亿元）"的标记类型设为"条形图"。
- 将"累计增长"字段拖曳至"行"功能区，将"累计增长"的标记类型设为"线"，设置双轴。
- 在"累计增长"轴上右击，在弹出的快捷菜单中选择"添加参考线"选项，添加一条值为 0 的常量参考线，如图 12-1-28 所示。

图 12-1-28　添加常量参考线

- 单击工具栏中的"标签"图标,以显示标签。调整视图横、纵向大小,
  将该工作表命名为"2014 年 2—6 月房地产总累计投资及累计增长率",
  其结果如图 12-1-29 所示。

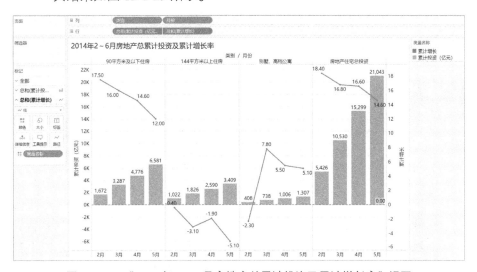

图 12-1-29　"2014 年 2—6 月房地产总累计投资及累计增长率"视图

12.1.9 制作动态仪表板

这一部分，我们将制作一个仪表板将以上几个仪表板合并到一个视图中呈现，并添加相关动作、文字、图片，增加可视化和阅读效果，其操作步骤如下。

- 新建一个仪表板，将其命名为"中国楼市降温"。
- 把前面已完成的十张工作表拖曳至仪表板中。
- 设置"城市""行业"筛选器。分别单击"城市""行业"筛选器右上角的下拉按钮，在弹出的下拉菜单中执行"应用于工作表"—"选定工作表"命令，如图 12-1-30 所示，然后如图 12-1-31 所示进行设置。

图 12-1-30　应用于工作表

图 12-1-31　筛选器联动设置

- 调整仪表板内各视图的位置及大小，添加相关文字介绍，并为仪表板设置背景颜色，使仪表板更加生动、美观和易读，最终结果如图 12-1-32所示。

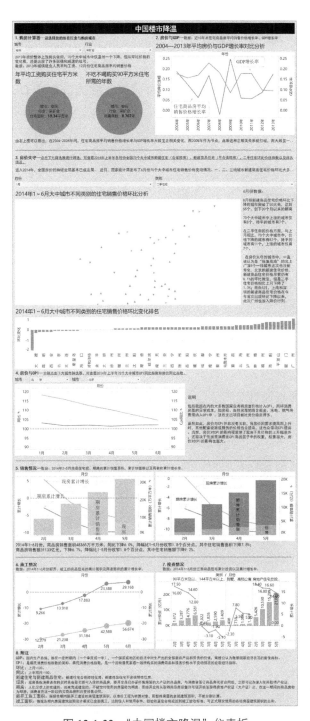

图 12-1-32 "中国楼市降温"仪表板

12.2 本章小结

本章利用楼市的价格变化数据，展示了图形化方式探索 GDP、CPI 等指标对应楼市价格的变化；展示了结合饼图、线图、条形图及配置不同坐标轴范围研究指标间关系的技巧。

12.3 练习

新一届世界杯即将来临，使用随书提供的数据，制作一份上一届世界杯球队状况、赛程，以及结果的综合动态仪表板。

可以按照如下流程进行：

（1）了解数据；

（2）主题构思；

（3）草图设计；

（4）独立图表设计；

（5）整合仪表板；

（6）交互设计；

（7）整体修整美化。

第 **13** 章

Tableau 官网访问数据分析

本章你将学到下列知识：

- 树图：通过面积展示不同页面的访问量。
- 气泡图：交叉分析多个数值指标。
- 分面条形图：不同页面不同指标的对比。
- 文字表格：突显文字突出关键指标。

13.1 Tableau 官网各板块访问情况

扫码看视频

随着互联网越来越发达，各商家可以利用自己专业的网站为客户们提供更好的服务，扩大自己的品牌效应，吸引更多的客户。同时，会出现一系列需要了解和优化的问题。比如，网站各板块的浏览量、各板块的停留时间、每个时段的客户浏览情况等，这些问题都可以作一个分析对比及汇总，以便于网站对应客户的行为作出相应的优化。下面我们以 Tableau 官网为例，对其各板块的浏览情况作一个整体的数据分析。

该案例我们以 Excel 类型数据"网站分析"作为分析的数据源，该 Excel 工作簿只包含"网站分析"一张 sheet 表。下面，我们将以此数据作为数据源制作"Tableau 官网各板块访问情况"仪表板。

13.1.1　制作"各板块总访问量"视图

这一部分，将使用美观的颜色和各矩形面积的大小来展示网站各板块的总访问量，从而了解客户访问网站的相关信息。其操作步骤如下。

- 新建工作簿，将 Tableau 连接到数据源"网站分析.xls"，转到工作表。
- 将"网站板块"字段分别拖曳至"颜色"框和"标签"框，同时，将"网页访问量"字段拖曳至"大小"框和"标签"框，最终形成的视图如图 13-1-1 所示。其中，颜色表示不同的板块，矩形大小则表示每个板块浏览量的多少。

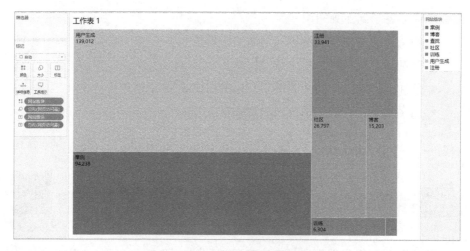

图 13-1-1　"各板块总访问量"视图

- 将"网站板块"字段设置为筛选器：右击"网站板块"字段，在弹出的快捷菜单中选择"显示筛选器"选项，通过选择板块调节视图，之后制作整体的仪表板时还可以应用于整体。
- 编辑"标签"，设置格式，最终形成的视图如图 13-1-2 所示。

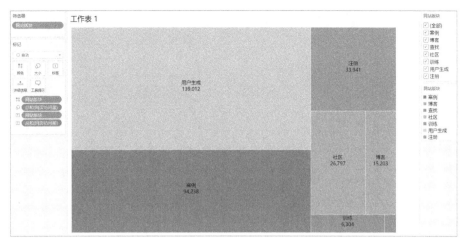

图 13-1-2 "各板块总访问量树状图"最终效果图

- 右击"工作表 1"将其重命名为"各板块总访问量"。

13.1.2 制作"网站各板块访问量走势"视图

在这一部分,我们将使用线性图来表示每一个精确时间内网站各板块访问量,根据线性图的走势可以看出哪一段时间访问人数出现大幅增长,哪一段时间访问人数出现大幅跌落,进而分析出现此种情况的原因。其操作步骤如下。

- 新建一张工作表,将"日期"字段拖曳至"列"功能区,"网页访问量"字段拖曳至"行"功能区,"标记"卡中的标记类型设为"线"。
- 将"网站板块"字段拖曳至"颜色"框,用不同的颜色标记不同板块的线条。
- 右击"日期"字段选择"显示筛选器"选项,然后单击视图区筛选器的下拉按钮,选择"单值(下拉列表)"选项,通过筛选器可以选择需要查看的时间段,如图 13-1-3 所示。

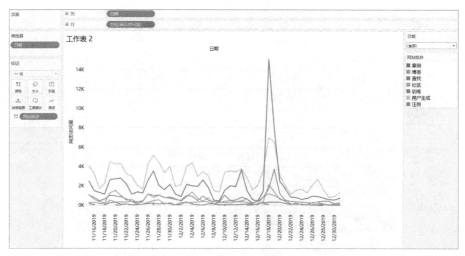

图 13-1-3 "网站板块访问量走势"视图

- 右击"工作表 2"将其重命名为"网站各板块访问量走势"。

13.1.3 制作"单次浏览时长、访问人数交叉分析"视图

在这一部分，我们将通过圆的大小反映网页各板块的访问量，圆在坐标轴中的位置表示单次浏览时长及访问人数，从而可以全面概括地反映网站的客户浏览情况。其操作步骤如下。

- 新建一张工作表，在"数据"选项卡空白区域右击，在弹出的快捷菜单中选择"创建计算字段"选项，字段命名为"单次浏览时长"，创建公式如图 13-1-4 所示，单击"确定"按钮。

图 13-1-4 创建计算字段"单次浏览时长"

- 将"访问人次"字段拖曳至"列"功能区，"单次浏览时长"字段拖曳至"行"功能区，右击"单次浏览时长"字段设置为"平均值"，将"标记"卡中的标记类型设为"圆"。
- 将"网站板块"字段拖曳至"颜色"框，用不同颜色标记不同的板块，

将"网页访问量"字段拖曳至"大小"框，用圆的大小表示网页访问量的多少，调节圆点大小优化显示效果，视图如图 13-1-5 所示，当鼠标指针滑过代表网站某个板块的圆点时，显示该板块的访问情况。

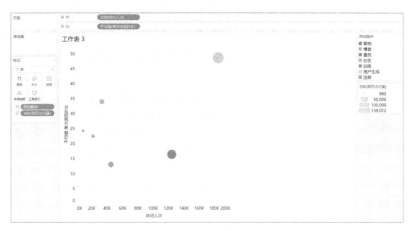

图 13-1-5 "单次浏览时长、访问人数交叉分析"视图

● 我们还可将"页面"字段拖曳至"标签"框，给不同的网页一个标签，更加细致地展现不同网页页面的浏览情况。不过这里因为页面的数量过多，需要给页面设置筛选器，图 13-1-6 为视图设置了"页面"和"网页访问量"两个筛选器，然后我们就可以通过筛选器来查看某一页面的访问情况，或者了解访问人次在一定数量以上的有哪些页面。

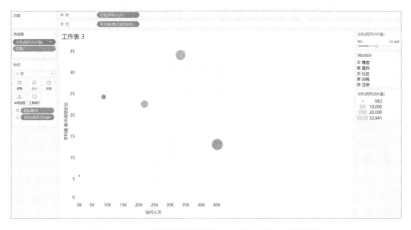

图 13-1-6 单次浏览时长、访问人数交叉分析

● 右击"工作表 3"将其重命名为"单次浏览时长、访问人数交叉分析"。

13.1.4　制作"各网址情况分析"视图

在这一部分，我们将制作三个条形图并列的视图，研究各网址的"网页访问量""退出量"和"网页停留时间"。其操作步骤如下。

- 新建一张工作表，将"网页访问量""退出量""单次浏览时长"字段拖曳至"列"功能区，"页面"字段拖曳至"行"功能区，标记类型设为条形图或"智能推荐"选择"水平条"。

- 右击"行"功能区中的"页面"字段，在弹出的快捷菜单中选择"排序"选项，按"网页访问量"降序显示，这样我们就可以直观地看到网页访问量最大的是哪一个网页，设置如图 13-1-7 所示。

图 13-1-7　"页面"字段排序设置

- 将"网站板块"字段拖曳至"颜色"框，用颜色标记不同的板块，设置结果如图 13-1-8 所示。

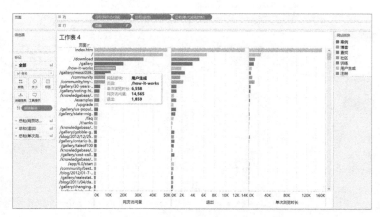

图 13-1-8　"各网址情况分析"视图

- 右击"工作表 3"，将其重命名为"各网址情况分析"。

13.1.5　制作"仪表"视图

这一部分我们将制作两个简单的仪表视图,来呈现网站在分析期间内的总体访问量和单次浏览时长。其操作步骤如下。

- 制作"网页访问量"仪表视图:新建一张工作表,将"网页访问量"字段拖曳至"文本"框,编辑"文本"标记,设置结果如图 13-1-9 所示,将此工作表命名为"网页访问量"。

网页访问量
316,478

图 13-1-9　网页访问量仪表显示

- 制作"单次浏览时长"仪表视图:新建一张工作表,将"单次浏览时长"字段拖曳至"文本"框,将默认总计切换为平均值,对"文本"进行编辑,设置结果如图 13-1-10 所示,将此工作表命名为"单次浏览时长"。

单次浏览时长
31.97

图 13-1-10　单次浏览时长仪表显示

13.1.6　制作动态仪表板

这一部分我们将制作一个动态仪表板,增加信息的可视化效果。其操作步骤如下。

- 新建一个仪表板,将前面制作的六张工作表拖曳至仪表板,调整工作表位置,然后对仪表板进行美化,如设置字体格式、大小、背景色等,完成的仪表板如图 13-1-11 所示。

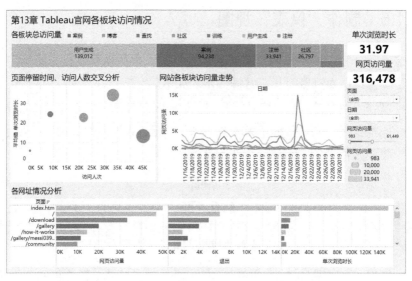

图 13-1-11 "Tableau 网站各板块访问情况"最终效果图

- 单击"各板块总访问量"视图右上角的下拉按钮，在弹出的下拉菜单中
  选择"用作筛选器"选项，之后当我们选择该视图中代表某个板块的
  色块时，其他相关的视图都将显示是这个板块的数据分析情况，如
  图 13-1-12 所示。

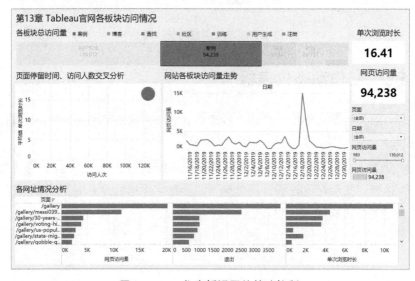

图 13-1-12 仪表板视图的筛选控制

13.2 本章小结

本章通过用户访问 Tableau 官网各板块的数据，展示了如何使用 Tableau 来探索用户的网站访问行为。通过各种排序、上钻、下钻和联动的方法，展示了如何通过动态图表展现更细粒度的复杂数据，比静态图表更容易进行复杂的数据分析。

13.3 练习

（1）手工更改树状图为双色显示，强调度量值最大的方形。或者挑选一个想要强调的度量值为一种色彩，其他的为另一种色彩。

（2）利用公式构造一个二值字段，利用这个字段完成上一题的颜色控制。

（3）单次浏览时长的线图量级差异很大，多条曲线无法看出趋势，想办法更清晰地观察不同曲线的变化趋势。

（4）在 4.3 节的图形中添加包含中值的参考区间，观察横纵轴各点相对于总体的数值分布的位置。

第 14 章

伦敦巴士线路可视化

本章你将学到下列知识：

- 路线地图的使用：巴士线路绘制。
- 堆积条形图：同时展示不同支付方式的总体和细节。
- 柱图：观察周人数分布。

14.1 制作"伦敦巴士线路数据"视图

扫码看视频

随着现代交通方式的发展，越来越多的人选择公共交通出行，这无疑是一种较为低碳环保的绿色出行方式，值得大力推广。而现代公共交通中数字化设施的普及，更便于搜集人们的出行数据，包括乘坐天数、乘坐时刻、乘坐路线和支付方式等。通过 Tableau 可以轻松实现。

本案例数据来自 TfL（Transport for London）提供的 JAON 格式的路线地图，并用 http://londonbusroutes.net/ 做补充，包括线路名称、位置及运营情况，可以得到所有站点坐标的经纬度，交通卡数据就更容易获得了。TfL 以 csv 格式开放了所有乘坐各种交通方式的支付信息，在这里作者任意选取了一周的数据作为样本。

首先，让我们浏览一下"伦敦巴士线路数据"视图制作完成后的截图，如图 14-1-1 所示。

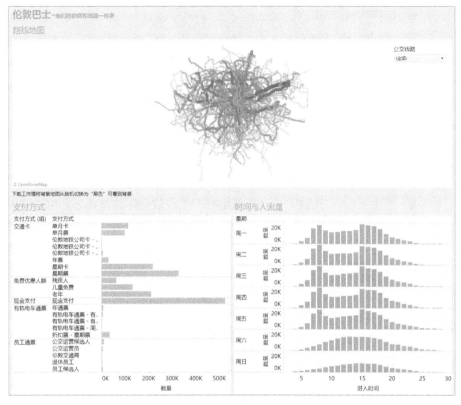

图 14-1-1　最终展示

其中，"路线地图"用于显示和筛选线路；"支付方式"视图用来展示所选线路中所有乘客的支付方式的分布情况；"时间与人流量"视图用来展示所选线路一周中每天和每时刻的人流量分析。

14.1.1　制作"路线地图"

在这一部分，我们将在地图上显示巴士线路，并制作筛选器，步骤如下。

- 新建一张工作表，将 Tableau 连接到数据源"线路.xls"，修改数据源名称："线路（伦敦巴士中文版）"，将"度量"列表框的"顺序"字段拖曳至"维度"列表框。
- 右击"纬度"字段和"经度"字段，分别将其转变为地理角色"纬度"和"经度"，转换后左侧"度量"列表框的这两个字段前面的"#"变成地球符号"⊕"。

- 将"经度"字段拖曳至"列"功能区，"纬度"字段拖曳至"行"功能区，在"分析"选项卡中取消勾选"聚合度量"复选框（这里需要提示的是，字段在拖曳至视图后，大多字段数值默认显示的是总计，但对于某些字段来说，总计不具有任何意义，默认显示就会变成平均值）。

- 将"公交线路"字段拖曳至"详细信息"框，标记类型设为"线"，然后将"顺序"字段拖曳至路径。

- 将 Tableau 连接到数据源"每日流量.xls"，修改数据源名称为"每日流量（伦敦巴士中文版）"，选择菜单栏中的"数据"菜单，在下拉菜单中选择"编辑混合关系"选项，如图 14-1-2 所示，单击"自定义"单选按钮，单击"添加"按钮，如图 14-1-3 所示，设置两个数据源中的"公交线路"字段和"线路"字段进行链接。

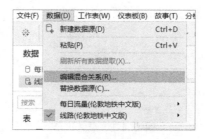

图 14-1-2 两个数据源关系的建立

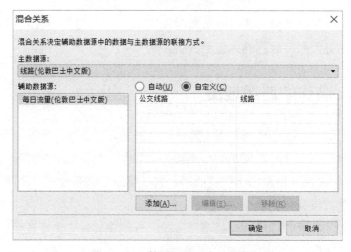

图 14-1-3 数据源关系字段的选择

- 将数据源"每日流量（伦敦巴士中文版）"中的"数量"字段拖曳至"颜色"框和"大小"框，为了让视图给人的感觉更加清晰明确，我们在菜单栏的"地图"菜单中，将"背景地图"选项设置成"深色"，在地图层中调整"冲蚀"为 45%，勾选"街道，高速公路，路线"复选框，标记"颜色"改为醒目的橙色，结果如图 14-1-4 所示。

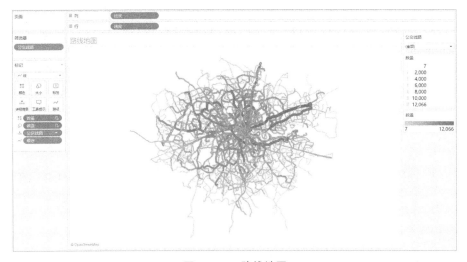

图 14-1-4　路线地图

- 右击数据源"线路（伦敦巴士中文版）"中的"公交线路"字段，在弹出的快捷菜单中选择"显示筛选器"选项，然后单击视图区筛选器的下拉按钮选择"多值（下拉列表）"选项。
- 最后右击工作表，在弹出的快捷菜单中选择"重命名"选项，将其重命名为"路线地图"。

14.1.2　制作"时间与人流量"视图

在这一部分，我们将制作所选线路一周中每天和每时刻的流量分析视图，操作如下。

- 新建一张工作表，选择之前连接的数据源"每日流量 (伦敦巴士中文版)"。
- 将"进入时间"字段拖曳至"列"功能区，并右击该字段，在弹出的快捷菜单中选择"维度"选项，然后将"星期"字段和"数量"字段拖曳至"行"功能区，并给"星期"字段按照周一到周日的顺序做手动排序，如图 14-1-5 所示。

图 14-1-5 "星期"字段的手动排序

- 标记类型设为"条形图"，颜色编辑为橙色，最终视图如图 14-1-6 所示。

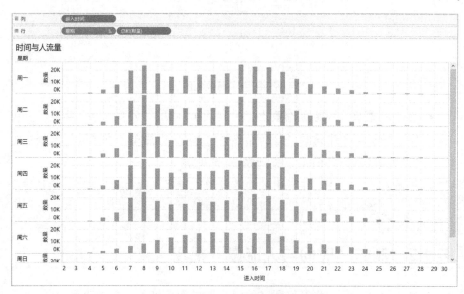

图 14-1-6 "时间与人流量"视图

- 最后将工作表重命名为"时间与人流量"

14.1.3 制作"支付方式"视图

在这一部分，我们将制作所选线路中所有乘客支付方式的分布视图，操作如下。

- 新建一张工作表，将 Tableau 连接到数据源"售票方式.xls"，修改数据源名称为"售票方式（伦敦巴士中文版）"。
- 将"支付方式"分组。在"维度"列表框里右击"支付方式"字段，在弹出的快捷菜单中执行"创建"—"组"命令，按照售票方式将支付的各个小类分成五大类：
  - 免费优惠人群：残疾人；儿童免费；老年。
  - 交通卡：单月票；单月卡；伦敦巴士公司卡—年卡；伦敦巴士公司卡—无记录；伦敦巴士公司卡—周期卡；星期卡；年票；星期票。
  - 员工通票：伦敦交通局；公交运营员；公交运行候选人；退休员工；员工候选人。
  - 有轨电车通票：年通票；有轨电车通票—有轨电车票价折扣—单月票；折扣票—星期票；有轨电车通票—有轨电车票价折扣—周期票；有轨电车通票—周期票。
  - 现金支付。

如图 14-1-7 所示。

图 14-1-7 支付方式的分组

- 选中"维度"列表框的"支付方式"和"支付方式（组）"两个字段，
  右击，在弹出的快捷菜单中执行"分层结构—创建分层结构"命令（或
  直接将"支付方式"字段拖曳至"支付方式（组）"字段），并将此分层
  结构命名为"支付方式分组"，如图 14-1-8 所示，维度建立层级后如图
  14-1-9 所示。

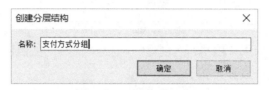

图 14-1-8　分层结构命名

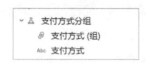

图 14-1-9　"支付方式分组"层级结构

- 将"支付方式（组）"字段和"支付方式"字段分别拖曳至"行"功能
  区，将"数量"字段拖曳至"列"功能区，将"线路"字段拖曳至"详
  细信息"框中，视图如图 14-1-10 所示。

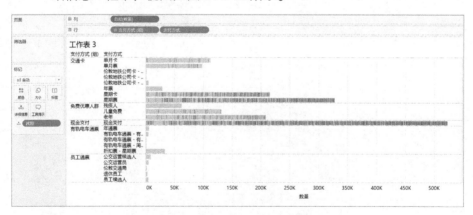

图 14-1-10　初步形成的"支付方式"视图

- 单击"标记"卡的"颜色"框，进行如图 14-1-11 所示设置，并单击数
  量轴的排序标记，最后结果如图 14-1-12 所示，当鼠标指针滑过条形图
  上某一点时，会显示该点的相关信息。

图 14-1-11　颜色设置

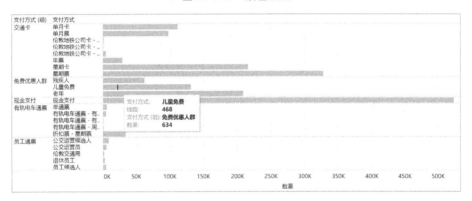

图 14-1-12　最终效果图

- 最后将工作表重命名为"支付方式"。

14.1.4　制作动态仪表板

这一部分我们将制作一个动态仪表板，把以上几张视图合并到一个仪表板中进行展现，增加信息的可视化效果。操作步骤如下。

- 新建一个仪表板，将前面制作的三张工作表拖曳至仪表板，并调整布局。

- 单击"路线地图"工作表的下拉按钮，在弹出的快捷菜单中选择"用作筛选器"选项。

- 添加筛选器的控制操作：单击菜单栏中的"仪表板"菜单，选择"操作"选项，在弹出的快捷菜单中单击"添加操作"按钮，选择"筛选器"选项，具体设置如图 14-1-13 所示，注意下方目标筛选器的设置，需要将各个视图中的相同字段进行链接，然后我们就可以通过"路线地图"选择线路来控制"支付方式"和"时间与人流量"两个工作表了。

- 将"仪表板 1"重命名为"伦敦巴士线路"，然后根据个人喜好进行仪表板的美化，如添加文本、设置背景色和字体等，使其更加生动美观，最终视图如图 14-1-14 所示。

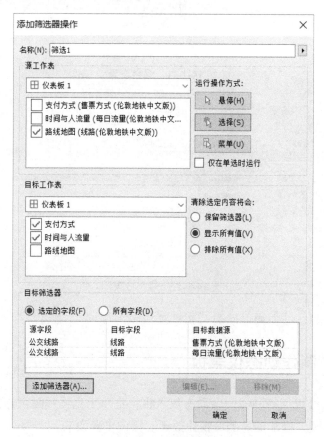

图 14-1-13　设置筛选

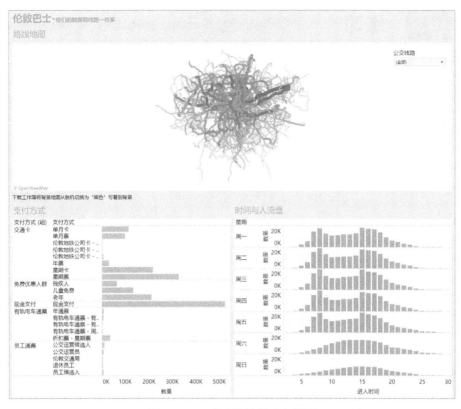

图 14-1-14 仪表板的美化与展现

- 保存工作簿，并将其重命名为 "伦敦巴士线路"，保存类型选择 "Tableau 打包工作簿"。

14.2 本章小结

    本章通过路线地图的方式直观地展现了不同伦敦巴士线路的人流和客流情况，同时联动每星期不同天数和不同时段，结合不同支付方式的维度进行了综合观察。根据数据的信息，可以观察和探索更复杂的人流模式，这些在 Tableau 当中都可以通过各种技术图表的联动来完成。

14.3 练习

（1）使用各条线路平均人流量控制线路的颜色。

（2）构建一个参数，可以动态调整线路颜色为平均人流、最大人流或最小人流。

（3）构建动态的图形，可以播放周一到周日线路人流的变化，并且观察线路人流在一周的变化。

（4）制作一个综合仪表板，研究一周中不同时间不同支付方式的人流是否有变化？

（5）研究不同时段乘坐巴士人群支付方式的差异？

（6）制作视图，研究不同地点不同支付方式结构是否具有差异？

第 **6** 部分

拓 展 应 用

通过以上章节对 Tableau 应用的练习，我们已经对 Tableau 的应用场景有了许多了解，最后一部分内容，我们发散思维，对 Tableau 的智能分析功能进行探索。

- 第 15 章　关联分析与相关性分析

第 15 章

关联分析与相关性分析

本章你将学到以下知识:

- 关联分析,同一份数据源的自关联。
- 使用数据解释探索数据联系。

15.1 关联分析与相关性分析

扫码看视频

  每当我们讨论数据的价值是什么的时候,人们不免提到数据分析。数据分析是通过合理有效的手段,帮助我们揭露数字背后的秘密,甚至发现数字规律的有效方法。有了这些可以量化的数据规则,我们便能通过对数据的监控及对数据规律的运用,更好、更有效地实现某个特定的业务目标。

  这里有一个经常被人们提及的经典案例,啤酒与尿布的故事——超市里,人们发现通过将啤酒与尿布摆在相邻的位置,可以增加啤酒的销量。起初人们只是发现了两者的购买峰值曲线有极大的相似性,后来在进行了大量的调研后发现了背后的真实原因,年轻的母亲因为要在家照顾孩子,所以就让父亲下班后买尿布再回家,而男士来到超市后会习惯给自己买些啤酒,所以把啤酒放在尿布的货架附近,可以有效增加男性顾客购买啤酒的机会。在这个案例里,人们通过对数据的分析和探索,找到了事物间存在的潜在关系,但这并非因果关系，在进行更多研究和学习后，也许人们可以逐步证明这其中的关系，但事物间的联系一旦被发现，便可以立刻将其应用在有效的商业决策中。所以关联分析与相关性分析便是我们寻找这些事物间联系的有效方法，熟练地掌握并运用它们，可以使我们的数据分析能力快速提升。接下来我们就来简单了解一下关联分析与相关性分析在 Tableau 当中应该如何应用。

15.1.1 制作"关联分析"视图

关联分析从广义上讲是指寻找并发现两个事物之间所具备的某种联系，或者也可以说是发现同一事物的两个方面（两种角度）之间所具备的某种联系。对应到数据及 Tableau 产品的层面上，我们可以讲是针对两个维度间的数据对比。通常选择两个（及以上）维度和一个度量的可视化分析图形，我们可以有很多种选择。基于不同维度，维度成员的数量分布不同，我们可以选择一个你认为适合当前场景的图形，以此来表达或突出你发现的维度关联关系。这里有一个经常用于比较分析的图形类型，便是热力图（Heat Map），将比较的两个"维度"列表框中的字段拖曳至"行""列"功能区，将"度量"列表框中的字段拖曳至"颜色"框，基于颜色的连续变化来观察不同维度间的对比情况，如图 15-1-1 所示。

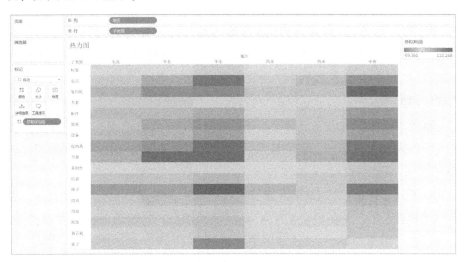

图 15-1-1 热力图

在热力图的基础上，如果我们希望增加一个可比较的度量，即同时分析对比两个（及以上）维度和两个度量之间的关联关系，那么我们可以将第二个增加的度量字段以大小的标记形式加到当前的图形中。如图 15-1-2 所示，将"销售额"字段拖曳至"大小"框。

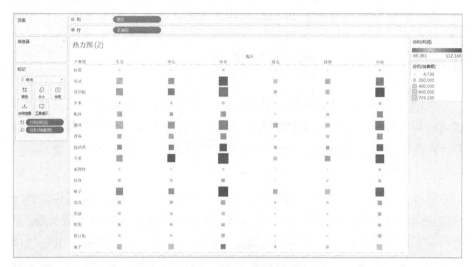

图 15-1-2　双度量热力图

既然有广义的说法，自然也有狭义的定义。关联分析从狭义上讲，指的是从大量交易记录中寻找商品被捆绑销售的关联规则。通过对捆绑销售的物品（频繁项集）所出现的频率（支持度及置信度）的计算，来揭露物品之间可能存在的关联关系。从数学统计的角度讲，有一些经典的算法，如 Apriori、STEM 等都可以实现对上述关联规则的计算。这里，我们利用 Tableau 一起来看看如何实现两两物品间的关联规则的分析。

首先，在数据源连接的部分，我们需要根据相同订单 ID，关联出每个商品在一次购物行为中所出现的其他捆绑销售的商品。我们利用关联相同订单 ID 的方法，可以得到这些想要的记录。

- 新建工作簿，将 Tableau 连接到数据源"示例-超市.xls"，将"订单"表拖曳至右侧视图区，接下来双击视图区中的"订单"表进入关联区域，在这里再次将左侧导航栏中的"订单"表拖曳至右侧视图区，在第二次拖放完成后，两张"订单"表将自动进行关联，如图 15-1-3 所示。

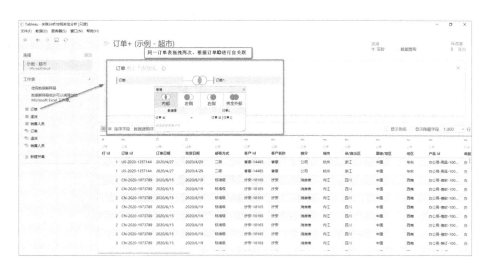

图 15-1-3 "订单"表自关联

- 我们需要删除因"订单"表自关联产生的同一产品的订单记录,即产品ID 等于本产品 ID 的情况,单击两表之间的圆环,展开联接菜单,加入一行新的联接依据"产品 ID<>产品 ID",如图 15-1-4 所示。

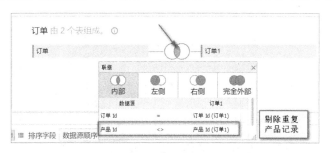

图 15-1-4 剔除重复产品记录

- 转到工作表界面,将"订单"表中的"子类别"字段和"订单 1"表中的"子类别"字段分别拖曳至"行"和"列"功能区,并将"订单(计数)"字段拖曳至"颜色"框,如图 15-1-5 所示。

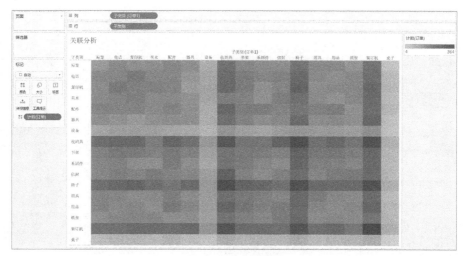

图 15-1-5　生成关联热力图

- 最后，单击"标记"卡中的"颜色"框，进行颜色编辑，修改颜色模板为"橙色-蓝色发散"，并勾选"倒序"复选框，如图 15-1-6 所示。

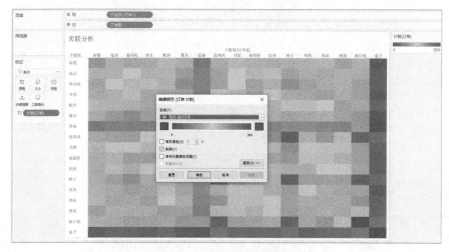

图 15-1-6　热力图颜色调整

虽然我们没有进行算法计算，但我们却轻松实现了不同产品子类别间被捆绑销售的记录分布情况，橙色区域指示了这两类产品有极高的频率被打包销售，正是我们需要的关联规则。当然，通过一些简单的算术计算，我们也可以实现对支持度和置信度的准确计算，不过对问题本身而言，我们已经实现了主要目标。更多的计算功能和统计学知识，我们就不在此展开赘述了。

15.1.2 制作"相关性分析"视图

如果说关联分析主要帮我们解决了两个维度间对比的问题，很好地找到了不同维度之间的潜在关系，那么相关性分析则有助于我们理解度量之间存在的潜在关联关系。用数学的角度来解读，就是根据自变量 X，求出因变量 Y 与 X 之间的公式关系，如果 X 与 Y 之间符合线性分布关系，那么这个公式就是一个二元一次方程，如果 X 与 Y 之间是非线性关系，那么这个公式可能是二元二次乃至二元多次方程。（感觉瞬间回到了学生时代，默默地拿起了数学课本，陷入了无尽的沉思……）说起来好像有点复杂，但其实通过 Tableau 把它画出来会简单、清楚的多。

- 新建数据源，重新引入"订单"表。
- 新建一张工作表，将"利润"字段拖曳至"列"功能区；将"折扣"字段拖曳至"行"功能区。
- 单击"行"功能区中的"折扣"字段的下拉按钮，选择"度量"（平均值）选项，将其中的"度量（总和）"修改为"度量（平均值）"。
- 将"订单 ID"字段拖曳至"标记"卡的"详细信息"框，如图 15-1-7 所示。

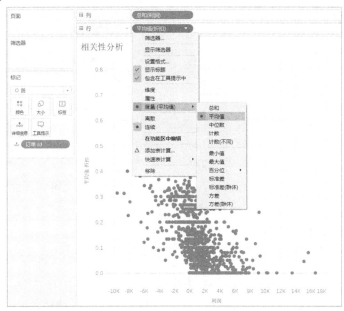

图 15-1-7 "利润""折扣"字段散点图

这里我们注意到大部分亏损（利润小于零）的订单都分布在平均折扣较高的区间，而大部分盈利的订单，平均折扣的分布区间都很低，是比较典型的负线性相关，为了更好地将它的相关性趋势呈现出来，我们可以利用"分析"选项卡内的趋势线功能，为当前的散点图添加一个线性趋势线。

- 单击"分析"选项卡。
- 将"分析"选项卡中的"趋势线"选项拖曳至视图区，在鼠标左键松开前，拖曳至"线性"按钮上，再松开鼠标左键，如图 15-1-8 所示。

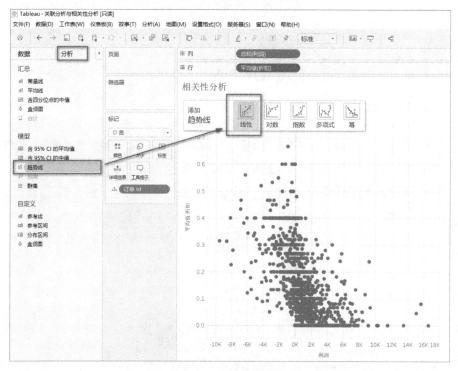

图 15-1-8　添加趋势线

当然，有时候度量间的关系未必是线性相关的，也可能是非线性相关甚至无关的，通过添加趋势线的方式，可以帮助我们很好地观察度量间是否存在比较显著的相关性。

有时候我们需要面对很多度量的场景，为了更高效快速地比较更多度量之间的关系，我们可以通过创建散点图矩阵的方式来探索它们之间的联系，即将需要观察的多个度量拖曳至"行"功能区和"列"功能区。

- 将"销售额""数量""折扣"三个字段拖曳至"列"功能区，并将"折扣"字段调整为"平均值"。
- 将"数量""销售额""利润"三个字段拖曳至"行"功能区，如图 15-1-9 所示。

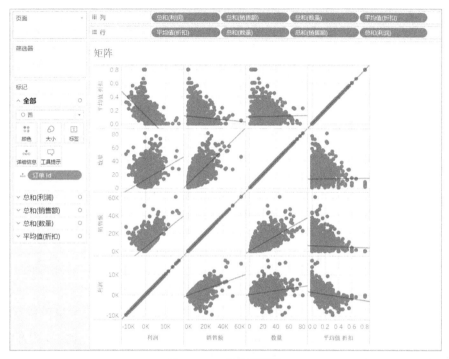

图 15-1-9　散点图矩阵

　　数据的价值在于人们寻找到了少数人知道，多数人不知道的数据规律，无论是关联分析还是相关性分析，作为一种分析的思路和方法，它们都只能作为参考，提供给我们更多的分析思路，并不是每一次的分析都一定会发现那些鲜为人知的数字秘密，我们需要的是耐心与恒心，伴随着经验的不断积累和操作的愈加熟练，会有更多过去我们未曾理解的数据规律被我们逐步认识并掌握。当然，除了借助人们的经验和假设来分析问题，今后我们也会利用更多 AI 技术来辅助甚至加速我们对于分析价值的提炼过程。以上面讲述的相关性分析的场景为例，在面向更多变量、更复杂业务场景的相关性探索时，我们可以借助算法的力量，由机器帮助我们更快地进行探索，这个功能在 Tableau 中被称为数据解释，下面我们就来一探究竟。

- 新建一张工作表，右击"数据"选项卡中的"省/自治区"字段，在弹出的快捷菜单中执行"地理角色"—"省/市/自治区"命令。
- 双击"省/自治区"字段，视图中将呈现一张省级别地图。
- 将"利润"字段拖曳至"颜色"框，如图 15-1-10 所示。

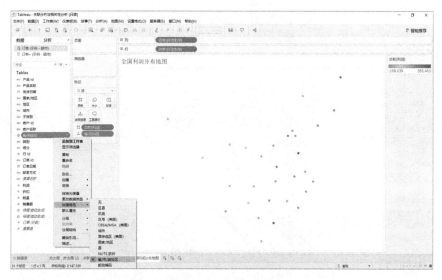

图 15-1-10　各省份利润

当我们看到这样一个地图后，我们会思考那些盈利或亏损的省份背后的业务原因，是否可以总结任何规律，并应用在今后的工作当中。比如，我们想看一看辽宁省亏损的原因，这时，我们将鼠标指针移至辽宁省的区域，在弹出的提示菜单中，有一个小灯泡图标的按钮，它就是我们说的数据解释功能，如图 15-1-11 所示。

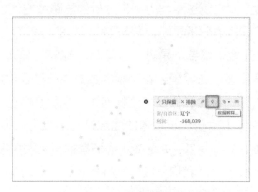

图 15-1-11　"数据解释"按钮

单击"数据解释"按钮，Tableau 将迅速分析当前的业务，即辽宁省利润亏损的问题，对当前数据源内的所有变量进行各种算法运算，最后，通过运算，如果该分析目标确实找到了一些较为显著的数据规则，则会在弹出的窗口中，将这些规则以图文的形式进行解读，如图 15-1-12 所示。

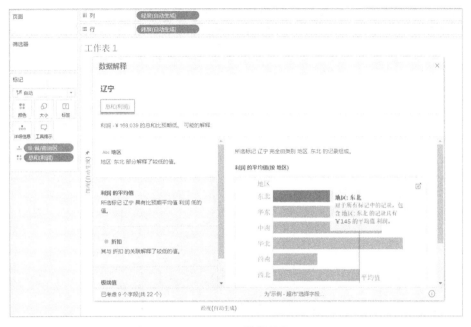

图 15-1-12　数据解释

我们注意到，在第三条解释规则中，同样列举了利润与折扣间的关联规则，如图 15-1-13 所示。

利用数据解释，人们可以更全面地了解数据集背后的一些特征，甚至可以更快地找到那些极具价值的业务规律。算法本身都是以数学统计的方式帮助我们去理解数字间的关系，并不能代替人们理解业务模式的主动分析过程。将两者有机结合才能更加全面和客观地解决我们的认知问题，既不过分依靠经验，也不过分依赖算法，才是一位优秀的业务分析人员应该具备的素养。

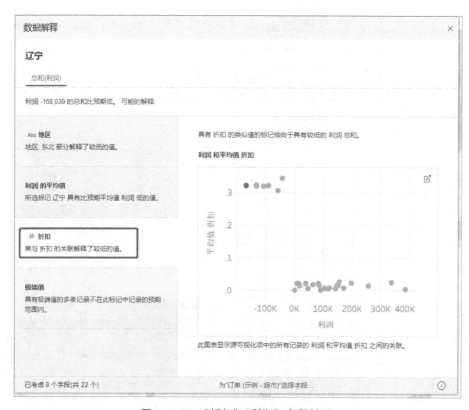

图 15-1-13 "折扣""利润"字段关系

15.2 本章小结

 本章借助热力图和散点图，阐述了在 Tableau 中进行关联分析与相关性分析的方法与过程。展示了 Tableau 中强大的数据解释功能，通过对数据标记进行数据解释，能够发掘那些不曾被我们想到的数据背后的逻辑关系，大大提高数据分析的效率和价值。

15.3 练习

（1）将子类别关联分析视图中的单元格分为三类，订单数量小于 100 的、100～200 的、200 以上的，三类单元格以不同的颜色进行展示。

（2）在"相关性分析"视图中，尝试替换其他类型的趋势线，探索哪种趋势线更符合数据的规律。

（3）制作仪表板，将"关联分析""相关性分析"视图，以及"数据解释"视图拖曳至仪表板，合理布局排版，进行美化。

附录 A

Tableau 函数汇总

1. 数字函数

数 字 函 数	说　　明
ABS(number)	返回给定数字的绝对值。例如，ABS(-7) = 7，ABS([Budget Variance])返回 Budget Variance 字段中包含的所有数字的绝对值
ACOS(number)	返回给定数字的反余弦，结果以弧度表示。例如，ACOS(-1) = 3.14159265358979
ASIN(number)	返回给定数字的反正弦，结果以弧度表示。例如，ASIN(1) = 1.5707963267949
ATAN(number)	返回给定数字的反正切，结果以弧度表示。例如，ATAN(180) = 1.5652408283942
ATAN2(y number, x number)	返回两个给定数字（X 和 Y）的反正切，结果以弧度表示。例如，ATAN2(2, 1) = 1.10714871779409
CEILING(number)	将数字舍入为值相等或更大的最近整数。例如，CEILING(3.1415) = 4，某些数据源不支持
COS(number)	返回给定数字的余弦，结果以弧度表示。例如，COS(PI( ) /4) = 0.707106781186548
COT(number)	返回给定数字的余切，结果以弧度表示。例如，COT(PI( ) /4) = 1
DEGREES(number)	将以弧度表示的给定数字转换为度数。例如，DEGREES(PI( )/4) = 45.0
DIV(整数 1，整数 2)	返回将整数 1 除以整数 2 的除法运算的整数部分。例如，DIV(11，2) = 5

续表

数 字 函 数	说 明
EXP(number)	返回 e 的给定数字次幂。例如，EXP(2) = 7.389EXP(-[Growth Rate]*[Time])
FLOOR(number)	将数字舍入为值相等或更小的最近整数。例如，FLOOR(3.1415) = 3，某些数据源不支持
HEXBINX(number, number)	将 X、Y 坐标映射到最接近的六边形数据桶的 X 坐标。数据桶的边长为 1，因此，可能需要相应地缩放输入。HEXBINX 和 HEXBINY 是用于六边形数据桶分桶和标绘的函数。六边形数据桶是对 X/Y 平面（如地图）中的数据进行可视化的有效而简洁的选项。由于数据桶是六边形的，因此每个数据桶都非常近似于一个圆，并最大程度地减少了从数据点到数据桶中心的距离。这使得聚类分析更加准确并且能提供有用的信息。例如，HEXBINX([Longitude]，[Latitude])
HEXBINY(number, number)	将 X、Y 坐标映射到最接近的六边形数据桶的 Y 坐标。数据桶的边长为 1，因此，可能需要相应地缩放输入。例如，HEXBINY([Longitude]，[Latitude])
LN(number)	返回数字的自然对数。如果数字小于或等于 0，则返回 NULL
LOG(number, [base])	返回数字以给定底数为底的对数。如果省略了底数值，则使用底数 10
MAX(number, number)	返回两个参数（必须为相同类型）中的最大值。如果任一参数为 NULL，则返回 NULL。MAX 也可应用于聚合计算中的单个字段。例如，MAX(4,7),MAX (Sales,Profit),MAX([First Name],[Last Name])
MIN(number, number)	返回两个参数（必须为相同类型）中的最小值。如果任一参数为 NULL，则返回 NULL。MIN 也可应用于聚合计算中的单个字段。例如，MIN(4,7),MIN(Sales,Profit),MIN([First Name],[Last Name])
PI( )	返回数字常量 PI：3.14159
POWER(number, power)	计算数字的指定次幂。例如，POWER(5，2) = 52 = 25POWER (Temperature, 2) 也可以使用 ^ 符号。例如，5^2 = POWER(5，2) = 25
Radians (number)	将给定数字从度数转换为弧度。例如，RADIANS(180) = 3.14159
ROUND(number,[decimals])	将数字舍入为指定位数。decimals 参数指定要在最终结果中包含的小数位数精度，不是必需的。如果省略 the decimals variable，则 number 舍入为最接近的整数。例如，ROUND(7.3) = 7ROUND(-6.9) = -7ROUND(123.47,1) = 123.5ROUND(Sales) 将每个 Sales 值舍入为整数。请注意，某些数据库（如 MS SQL Server）允许指定负 length，其中-1 将 number 舍入为 10 的倍数，-2 舍入为 100 的倍数，依此类推。此功能并非适用于可以连接的所有数据库。例如，Excel 和 Access 不具备此功能

续表

数 字 函 数	说　　明
SIGN(number)	返回数字的符号。可能的返回值：在数字为负时为-1；在数字为零时为 0；在数字为正时为 1。例如，如果 profit 字段的平均值为负值，则 SIGN(AVG(Profit)) = -1
SIN(number)	返回给定数字的正弦，结果以弧度表示。例如，SIN(0) = 1.0SIN(PI( )/4) = 0.707106781186548
SQRT(number)	返回数字的平方根。例如，SQRT(25) = 5
SQUARE(number)	返回数字的平方。例如，SQUARE(5) = 25
TAN(number)	返回给定数字的正切，结果以弧度表示。例如，TAN(PI( )/4) = 1.0
ZN(expression)	如果表达式不为 NULL，则返回该表达式，否则返回零。使用此函数可使用零值而不是 NULL。ZN([Profit]) = [Profit]

2. 字符串函数

字符串函数	说　　明
ASCII(string)	返回 string 的第一个字符的 ASCII 代码。例如，ASCII('A') = 65
CHAR(number)	返回通过 ASCII 代码 number 编码的字符。例如，CHAR(65) = 'A'
Contains(string, substring)	如果给定字符串包含指定子字符串，返回 true。CONTAINS("Calculation", "alcu") = true
ENDSWITH(string, substring)	如果给定字符串以指定子字符串结尾，返回 true。忽略尾随空格。ENDSWITH("Tableau", "leau") = true
LEFT(string, number)	返回字符串最左侧一定数量的字符。例如，LEFT("Matador", 4) = "Mata"
LEN(string)	返回字符串长度。例如，LEN("Matador") = 7
FIND(string,substring,[start])	返回 substring 在 string 中的索引位置，如果未找到 substring，则返回 0。如果添加了可选参数 start，则函数会执行相同操作，但是会忽略在索引位置 start 之前出现的任何 substring 实例。字符串中的第一个字符为位置 1。例如，FIND("Calculation", "alcu") = 2 FIND("Calculation", "Computer") = 0FIND("Calculation", "a", 3) = 7FIND("Calculation", "a", 2) = 2FIND("Calculation", "a", 8) = 0
LOWER(string)	返回字符串的小写形式。例如，LOWER("ProductVersion") = "productversion"
LTRIM(string)	返回移除了所有前导空格的字符串。例如，LTRIM(" Matador ") = "Matador "

续表

字符串函数	说　明
MID(string, start, [length])	返回从索引位置 start 开始的字符串。字符串中第一个字符的位置为 1。如果添加了可选参数 length，则返回的字符串仅包含该数量的字符。例如，MID("Calculation", 2) = "alculation", MID("Calculation", 2, 5) ="alcul"
MIN(a, b)	通常应用于数字，不过也适用于字符串。返回 a 和 b 中的最小值（a 和 b 必须为相同类型）。对于字符串，MIN 查找排序序列中的最低值。如果任一参数为 NULL，则返回 NULL。例如，MIN("Apple","Banana") = "Apple"
REPLACE(string,substring, replacement)	在提供的字符串中搜索给定子字符串并将其替换为替换字符串。如果未找到子字符串，则字符串保持不变。例如，REPLACE("Version8.5", "8.5", "9.0") = "Version9.0"
RIGHT(string, number)	返回 string 中最右侧一定数量的字符。例如，RIGHT("Calculation", 4) = "tion"
RTRIM(string)	返回移除了所有尾随空格的字符串。例如，RTRIM(" Calculation ") = " Calculation"
SPACE(number)	返回由指定 number 个重复空格组成的字符串。例如，SPACE(1) = " "
STARTSWITH(string, substring)	如果给定字符串以指定子字符串开头，则返回 true。会忽略前导空格。例如，STARTSWITH("Joker", "Jo") = true
TRIM(string)	返回移除了前导和尾随空格的字符串。例如，TRIM(" Calculation ") = "Calculation"
UPPER(string)	返回字符串的大写形式。例如，UPPER("Calculation") = "CALCULATION"

3．日期函数

许多函数使用 date_part（常量字符串参数）。下表提供了可以使用的有效 date_part 值。请确保完全按原样使用 date_part。

date_part	值
'year'	四位年份
'quarter'	1～4
'month'	1～12 或 "January""February" 等
'dayofyear'	一年中的日期；1 月 1 日为 1、2 月 1 日为 32，依此类推
'day'	1～31

续表

date_part	值
'weekday'	1～7 或 "Sunday""Monday" 等
'week'	1～52
'hour"	0～23
'minute'	0～59
'second'	0～60

下面提供日期函数，许多例如，将#符号用于日期表达式。

日 期 函 数	说　　明
DATEADD(date_part,increment, date)	返回 increment 与 date 相加的结果。增量的类型在 date_part 中指定。例如，DATEADD('month', 3, #April 15, 2004#) = #July 15, 2004#。表达式将三个月与日期 #April 15, 2004# 相加，结果为 #July 15, 2004#
DATEDIFF(date_part, date1, date2)	返回 date1 与 date2 之差（以 date_part 的单位表示）。例如，DATEDIFF('month', #July 15, 2004#, #April 15, 2004#) = −3 表达式返回-3，因为 4 月比 7 月早三个月
DATENAME(date_part, date)	以字符串的形式返回 date 的 date_part。例如，DATENAME('year', #April 15, 2004#) = "2004"DATENAME('month', #April 15, 2004#) = "April"
DATEPART(date_part, date)	以整数的形式返回 date 的 date_part。例如，DATEPART('year', #April 15, 2004#) = 2004,DATEPART('month', #April 15, 2004#) = 4
DATETRUNC(date_part, date)	按 date_part 指定的准确度截断指定日期。此函数返回新日期。例如，以月份级别截断处于月份中间的日期时，此函数返回月份的第一天。 DATETRUNC('quarter', #August 15, 2005#) = July 1, 2005, DATETRUNC('month', #April 15, 2007#) = April 1, 2007
DAY(date)	以整数的形式返回给定日期的天。DAY(#April 12, 2005#) = 12
ISDATE(string)	如果给定字符串为有效日期，返回 true。例如，ISDATE("April 15, 2004") == true
MAKEDATE(year, month, day)	返回一个依据指定年份、月份和日期构造的日期值。可用于 Tableau 数据提取。检查在其他数据源中的可用性。例如，MAKEDATE(2004, 4, 15) = #April 15, 2004#
MAKEDATETIME(date, time)	返回合并了 date 和 time 的 datetime。日期可以是 date、datetime 或 string 类型。时间必须是 datetime。注意：此函数仅适用于与 MySQL 兼容的连接（Tableau 为 MySQL 和 Amazon Aurora）。例如，MAKEDATETIME ("1899-12-30", #07:59:00#) = #12/30/1899 7:59:00 AM#，MAKEDATETIME ([Date], [Time]) = #1/1/2001 6:00:00 AM#

续表

日 期 函 数	说　明
MAKETIME(hour, minute, second)	返回一个依据指定小时、分钟和秒构造的日期值。可用于 Tableau 数据提取。检查在其他数据源中的可用性。例如，MAKETIME(14, 52, 40) = #14:52:40#
MAX(expression) or MAX(expr1, expr2)	通常应用于数字，不过也适用于日期。返回 a 和 b 中的较大值（a 和 b 必须为相同类型）。如果任一参数为 NULL，则返回 NULL。例如，MAX(#January 1, 2004# ,#March 1, 2004#) = #March 1, 2004#MAX([ShipDate1], [ShipDate2])
MIN(expression) or MIN(expr1, expr2)	通常应用于数字，不过也适用于日期。返回 a 和 b 中的最小值（a 和 b 必须为相同类型）。如果任一参数为 NULL，则返回 NULL。例如，MIN(#January 1, 2004# ,#March 1, 2004#) = #January 1, 2004#MIN([ShipDate1], [ShipDate2])
MONTH(date)	以整数的形式返回给定日期的月份。例如，MONTH(#April 12, 2005#) = 4
NOW( )	返回当前日期和时间。例如，NOW( ) = "5/10/2006 1:08:21 PM"
QUARTER ( )	以整数的形式返回给定日期的季度。例如，WEEK (#2004-04-15#) = 16
TODAY( )	返回当前日期。例如，TODAY( ) = "5/10/2006"
WEEK( )	以整数的形式返回给定日期的周。例如，WEEK (#2004-04-15#) = 16
YEAR (date)	以整数的形式返回给定日期的年份。例如，YEAR(#April 12, 2005#) = 2005

4．逻辑函数

逻辑计算允许您确定某个特定条件为真还是假（布尔逻辑）。例如，您可能希望快速确定您分销商品的每个国家/地区的销售额是高于还是低于特定阈值。

逻辑函数	语　法	说　明
IN	<expr1> IN <expr2>	如果 <expr1> 中的任何值与 <expr2> 中的任何值匹配，则返回 TRUE。<expr1> 中的值可以是集、文本值列表或合并字段。例如，SUM([Cost]) IN (1000, 15, 200)，[SET] IN [COMBINED FIELD]

逻辑函数	语　法	说　明
CASE	CASE \<expression\> WHEN \<value1\> THEN \<return1\> WHEN \<value2\> THEN \<return2\> ... ELSE \<default return\> END	执行逻辑测试并返回相应的值。CASE 函数可评估 expression，并将其与一系列值（value1、value2 等）比较，然后返回结果。遇到一个与 expression 匹配的值时，CASE 返回相应的返回值。如果未找到匹配值，则使用默认返回表达式。如果不存在默认返回表达式且没有任何值匹配，则返回 NULL。例如， CASE [Region] WHEN 'West' THEN 1 WHEN 'East' THEN 2 ELSE 3 END
ELSE	IF \<expr\> THEN \<then\> ELSE \<else\> END	测试一系列表达式，同时为第一个为 true 的 \<expr\> 返回 \<then\> 值。例如，If [Profit] > 0 THEN 'Profitable' ELSE 'Loss' END
ELSEIF	IF \<expr\> THEN \<then\> [ELSEIF \<expr2\> THEN \<then2\>...] [ELSE \<else\>] END	测试一系列表达式，同时为第一个为 true 的 \<expr\> 返回 \<then\> 值。例如，IF [Profit] > 0 THEN 'Profitable' ELSEIF [Profit] = 0 THEN 'Breakeven' ELSE 'Loss' END
END	IF \<expr\> THEN \<then\> [ELSEIF \<expr2\> THEN \<then2\>...] [ELSE \<else\>] END	测试一系列表达式，同时为第一个为 true 的 \<expr\> 返回 \<then\> 值。必须放在表达式的结尾。例如，IF [Profit] > 0 THEN 'Profitable' ELSEIF [Profit] = 0 THEN 'Breakeven' ELSE 'Loss' END
IF	IF \<expr\> THEN \<then\> [ELSEIF \<expr2\> THEN \<then2\>...] [ELSE \<else\>] END	测试一系列表达式，同时为第一个为 true 的 \<expr\> 返回 \<then\> 值。例如，IF [Profit] > 0 THEN 'Profitable' ELSEIF [Profit] = 0 THEN 'Breakeven' ELSE 'Loss' END
IFNULL	IFNULL(expr1, expr2)	如果 \<expr1\> 不为 NULL，则返回该表达式，否则返回 \<expr2\>。例如，IFNULL([Profit], 0)
IIF	IIF(test, then, else, [unknown])	检查某个条件是否得到满足，如果为 TRUE 则返回一个值，如果为 FALSE 则返回另一个值，如果未知，则返回可选的第三个值或 NULL。例如，IIF([Profit] > 0, 'Profit', 'Loss')
ISDATE	ISDATE(string)	如果给定字符串为有效日期，则返回 true。例如，ISDATE("2004-04-15") = True
ISNULL	ISNULL(expression)	如果表达式未包含有效数据 (NULL)，则返回 true。例如，ISNULL([Profit])

续表

逻辑函数	语　　法	说　　明
MIN	MIN(expression) 或 MIN (expr1, expr2)	返回单一表达式所有记录中的最小值,或者返回每条记录两个表达式中的最小值。例如,MIN([Profit])
NOT	IF NOT <expr> THEN <then> END	对一个表达式执行逻辑非运算。例如,IF NOT [Profit] > 0 THEN "Unprofitable" END
OR	IF <expr1> OR <expr2> THEN <then> END	对两个表达式执行逻辑析取操作。例如,IF [Profit] < 0 OR [Profit] = 0 THEN "Improvement" END
THEN	IF <expre> THEN <then> [ELSEIF ,expr2> THEN <then2>...] [ELSE <else>] END	测试一系列表达式,同时为第一个为 true 的 <expr> 返回 <then> 值。例如,IF [Profit] > 0 THEN 'Profitable' ELSEIF [Profit] = 0 THEN 'Break even' ELSE 'unprofitable' END
WHEN	CASE <expr> WHEN <Value1> THEN <return1> ... [ELSE <else>] END	查找第一个与 <expr> 匹配的 <value>,并返回对应的 <return>。例如,CASE [Numberal] WHEN 'I' THEN 1 WHEN 'II' THEN 2 ELSE 3 END
ZN	ZN(expression)	如果 <expression> 不为 NULL,则返回该表达式,否则返回零。例如,ZN([Profit])

注:可以将布尔值转换为整数、浮点数或字符串,不能将其转换为日期,True 为 1、1.0 或"1",而 False 为 0、0.0 或"0"。Unknown 映射到 NULL。

5. 类型转换

类 型 转 换	说　　明
DATE(expression)	在给定数字、字符串或日期表达式的情况下返回日期。例如,DATE([Employee Start Date]),DATE("April 15, 2004") = #April 15, 2004#DATE("4/15/2004"),DATE(#2006-06-15 14:52#) = #2006-06-15# 请注意,引号在第二个和第三个例如,中是必需的
DATETIME(expression)	在给定数字、字符串或日期表达式的情况下返回日期时间。例如,DATETIME("April 15, 2005 07:59:00") = April 15, 2005 07:59:00
DATEPARSE(format, string)	将字符串转换为指定格式的日期时间。是否支持某些区域设置特定的格式由计算机的系统设置决定。数据中出现的不需要解析的字母应该用单引号 (') 引起来。对于值之间没有分隔符的格式(如 Mmddyy),请验证它们是否按预期方式解析。该格式必须是常量字符串,而非字段值。如果数据与格式不匹配,此函数将返回 NULL。例如,DATEPARSE ("dd.MMMM.yyyy", "15.April.2004") = #April 15, 2004#

续表

类 型 转 换	说　明
FLOAT(expression)	将其参数转换为浮点数。例如，FLOAT(3) = 3.000 FLOAT([Age]) 将 Age 字段中的每个值转换为浮点数
INT(expression)	将其参数转换为整数。对于表达式，此函数将结果截断为最接近于 0 的整数。例如，INT(8.0/3.0) = 2，INT(4.0/1.5) = 2，INT(0.50/1.0) = 0，INT(−9.7) = −9
STR(expression)	将其参数转换为字符串。例如，STR([Age]) 获取名为 Age 的度量中的所有值，并将这些值转换为字符串

6. 聚合函数

聚合和浮点算法：有些聚合的结果可能并非总是完全符合预期。例如，Sum 函数返回值−1.42e−14 作为列数，求和结果正好为 0。出现这种情况的原因是电气电子工程师学会 (IEEE) 754 浮点标准要求数字以二进制格式存储，这意味着数字有时会以极高的精度级别舍入。使用 ROUND 函数（请参见数字函数）或将数字格式设置为显示较少小数位可以消除这种潜在误差。

聚 合 函 数	说　明
ATTR(expression)	如果它的所有行都有一个值，则返回该表达式的值。否则返回星号。会忽略 NULL 值。
AVG(expression)	返回表达式中所有值的平均值。AVG 只能用于数字字段。会忽略 NULL 值
COLLECT (spatial)	将参数字段中的值组合在一起的聚合计算。会忽略 NULL 值。注意：COLLECT 函数只能用于空间字段。例如，COLLECT ([Geometry])
CORR(expression1,expression2)	返回两个表达式的皮尔森相关系数。皮尔森相关系数衡量两个变量之间的线性关系。结果范围为 −1 至 +1（包括 −1 和 +1），其中 1 表示精确的正向线性关系，0 表示方差之间没有线性关系，−1 表示精确的反向关系。例如，使用 CORR 函数在解聚散点图中呈现关联。实现此目的的方式是使用表范围详细级别表达式。例如，{CORR(Sales, Profit)}
COUNT(expression)	返回组中的项目数。NULL 值不计数

聚 合 函 数	说　明
COUNTD(expression)	返回组中不同项目的数量。NULL 值不计数。如果连接到 MS Excel、MS Access 或文本文件，则此函数不可用。可以将数据提取到数据提取文件以获得此功能
COVAR(expression1,expression2)	返回两个表达式的样本协方差。例如，以下公式返回"Sales"和"Profit"的样本协方差。COVAR([Sales], [Profit])
COVARP(expression1,expression2)	返回两个表达式的总体协方差。例如，以下公式返回"Sales"和"Profit"的总体协方差。COVARP([Sales], [Profit])
MAX(expression)	返回表达式在所有记录中的最大值。如果表达式为字符串值，则此函数返回按字母顺序定义的最后一个值
MEDIAN(expression)	返回表达式在所有记录中的中位数。中位数只能用于数字字段。会忽略 NULL 值。
PERCENTILE(expression, number)	从给定表达式返回与指定数字对应的百分位处的值。数字必须介于 0 到 1 之间（含 0 和 1），例如 0.66，并且必须是数值常量。
MIN(expression)	返回表达式在所有记录中的最小值。如果表达式为字符串值，则此函数返回按字母顺序定义的第一个值
STDEV(expression)	基于群体样本返回给定表达式中所有值的统计标准差
STDEVP(expression)	基于有偏差群体返回给定表达式中所有值的统计标准差
SUM(expression)	返回表达式中所有值的总计。SUM 函数只能用于数字字段。会忽略 NULL 值
VAR(expression)	基于群体样本返回给定表达式中所有值的统计方差
VARP(expression)	对整个群体返回给定表达式中所有值的统计方差

7. 直通函数(RAWSQL)

直通函数可用于将 SQL 表达式直接发送到数据库，而不由 Tableau 进行解释。如果有 Tableau 不能识别的自定义数据库函数，则可使用直通函数调用这些自定义函数。

数据库通常不会理解在 Tableau 中显示的字段名称。因为 Tableau 不会解释包含在直通函数中的 SQL 表达式，所以在表达式中使用 Tableau 字段名称可能会导致错误。可以使用替换语法将用于 Tableau 计算的正确字段名称或表达式插入直通 SQL。例如，假设有一个计算一组值的中位数的函数。可以对 Tableau 列 [Sales] 调用该函数，如下所示：RAWSQLAGG_REAL ("MEDIAN(%1)", [Sales])

此外，因为 Tableau 不解释该表达式，所以必须定义聚合。在使用聚合表达式时使用 RAWSQLAGG 函数。

直通函数（RAWSQL）	说　明
RAWSQL_BOOL("sql_expr", [arg1], …[argN])	从给定 SQL 表达式返回布尔结果。SQL 表达式直接传递给基础数据库。在 SQL 表达式中将 %n 用作数据库值的替换语法。在本例中，%1 等于 [Sales]，%2 等于 [Profit]。RAWSQL_BOOL("IIF(%1 > %2, True, False)", [Sales], [Profit])
RAWSQL_DATE("sql_expr", [arg1], …[argN])	从给定 SQL 表达式返回日期结果。SQL 表达式直接传递给基础数据库。在 SQL 表达式中将 %n 用作数据库值的替换语法。在本例中，%1 等于 [Order Date]。例如，RAWSQL_DATE("%1", [Order Date])
RAWSQL_DATETIME("sql_expr", [arg1], …[argN])	从给定 SQL 表达式返回日期和时间结果。SQL 表达式直接传递给基础数据库。在 SQL 表达式中将 %n 用作数据库值的替换语法。在本例中，%1 等于 [Delivery Date]。例如，RAWSQL_DATETIME("MIN(%1)", [Delivery Date])
RAWSQL_INT("sql_expr", [arg1], …[argN])	从给定 SQL 表达式返回整数结果。SQL 表达式直接传递给基础数据库。在 SQL 表达式中将 %n 用作数据库值的替换语法。在本例中，%1 等于 [Sales]。例如，RAWSQL_INT("500 + %1", [Sales])
RAWSQL_REAL("sql_expr", [arg1], …[argN])	从直接传递给基础数据源的给定 SQL 表达式返回数字结果。在 SQL 表达式中将 %n 用作数据库值的替换语法。在本例中，%1 等于 [Sales]例如，RAWSQL_REAL("-123.98 * %1", [Sales])
RAWSQL_SPATIAL	从直接传递给基础数据源的给定 SQL 表达式返回空间数据。在 SQL 表达式中将 %n 用作数据库值的替换语法。在本例中，%1 等于 [Geometry]。RAWSQL_SPATIAL("%1", [Geometry])
RAWSQL_STR("sql_expr", [arg1], …[argN])	从直接传递给基础数据源的给定 SQL 表达式返回字符串。在 SQL 表达式中将 %n 用作数据库值的替换语法。在本例中，%1 等于 [Customer Name]。例如，RAWSQL_STR("%1", [Customer Name])
RAWSQLAGG_BOOL("sql_expr", [arg1], …[argN])	从给定聚合 SQL 表达式返回布尔结果。SQL 表达式直接传递给基础数据库。在 SQL 表达式中将 %n 用作数据库值的替换语法。在例如，中，%1 等于 [Sales]，%2 等于 [Profit]。例如，RAWSQLAGG_BOOL("SUM(%1) >SUM(%2)", [Sales], [Profit])
RAWSQLAGG_DATE("sql_expr", [arg1], …[argN])	从给定聚合 SQL 表达式返回日期结果。SQL 表达式直接传递给基础数据库。在 SQL 表达式中将 %n 用作数据库值的替换语法。在本例中，%1 等于 [Order Date]。例如，RAWSQLAGG_DATE("MAX(%1)", [Order Date])

续表

直通函数（RAWSQL）	说　明
RAWSQLAGG_DATETI ME("sql_expr", [arg1], …[argN])	从给定聚合 SQL 表达式返回日期和时间结果。SQL 表达式直接传递给基础数据库。在 SQL 表达式中将 %n 用作数据库值的替换语法。在本例中，%1 等于 [Delivery Date]。例如，RAWSQLAGG_DATETIME("MIN(%1)", [Delivery Date])
RAWSQLAGG_INT("sql _expr", arg1, …argN)	从给定聚合 SQL 表达式返回整数结果。SQL 表达式直接传递给基础数据库。在 SQL 表达式中将 %n 用作数据库值的替换语法。在本例中，%1 等于 [Sales]。例如，RAWSQLAGG_INT("500 + SUM(%1)", [Sales])
RAWSQLAGG_REAL("s ql_expr", arg1, …argN)	从直接传递给基础数据源的给定聚合 SQL 表达式返回数字结果。在 SQL 表达式中将 %n 用作数据库值的替换语法。在下例中，%1 等于 [Sales]。例如，RAWSQLAGG_REAL("SUM(%1)", [Sales])
RAWSQLAGG_STR("sql _expr", arg1, …argN)	从直接传递给基础数据源的给定聚合 SQL 表达式返回字符串。在 SQL 表达式中将 %n 用作数据库值的替换语法。在本例中，%1 等于 [Customer Name]。例如，RAWSQLAGG_STR("AVG(%1)", [Discount])

8. 用户函数

用 户 函 数	说　明
FULLNAME( )	返回当前使用 Tableau 的用户的用户名。如果用户已登录，则此函数返回 Tableau Server 用户名，否则返回 Windows 用户名。例如，[Manager]=FULLNAME( )。如果经理 Dave Hallsten 已登录，则此函数仅当视图中的 Manager 字段也等于 Dave Hallsten 时才返回 true。用作筛选器时，此计算字段可用于创建用户筛选器，该筛选器仅显示与登录服务器的人员相关的数据
ISFULLNAME(string)	如果当前使用 Tableau 的用户的全名与给定字符串匹配，则返回 True。当前使用 Tableau 的用户的全名在登录时为 Tableau Server 全名，否则为 Windows 用户名。例如，ISFULLNAME("Dave Hallsten")，如果 Dave Hallsten 为当前用户，则返回 true，否则返回 false
ISMEMBEROF(string)	如果当前使用 Tableau 的用户是与给定字符串匹配的组的成员，则返回 true。如果当前使用 Tableau 的用户已登录，则组成员身份由 Tableau Server 上的组确定。如果用户未登录，则返回 false。例如，IF ISMEMBEROF("Sales") THEN "Sales" ELSE "Other" END
ISUSERNAME(string)	如果当前使用 Tableau 的用户的用户名与给定字符串匹配，则返回 True。当前使用 Tableau 的用户的用户名在登录时为 Tableau Server 用户名，否则为 Windows 用户名。例如，ISUSERNAME("dhallsten")，如果 Dave Hallsten 为当前用户，则返回 true，否则返回 false

续表

用 户 函 数	说 明
USERDOMAIN()	返回当前使用 Tableau 的用户的域。如果用户已登录，则此函数返回 Tableau Server 域，否则返回 Windows 域。将此函数与其他用户函数结合使用可创建依赖于当前用户和域的计算。例如，[Manager]=USERNAME() AND [Domain]=USERDOMAIN()
USERNAME( )	返回当前使用 Tableau 的用户的用户名。如果用户已登录，则此函数返回 Tableau Server 用户名，否则返回 Windows 用户名。使用此函数可创建依赖于当前用户的计算。例如，[Manager]=USERNAME( )，如果经理 Dave Hallsten 已登录，则此函数仅当视图中的 Manager 字段也等于 Dave Hallsten 时才返回 true。用作筛选器时，此计算字段可用于创建用户筛选器，该筛选器仅显示与登录服务器的用户相关的数据

9. 表计算函数

表计算函数用于自定义表计算。表计算是应用于整个表中的值的计算，通常依赖于表结构本身。

表计算函数	说 明
First( )	返回从当前行到分区中第一行的行数。例如，当前行索引为 3，FIRST() = −2
INDEX( )	返回分区中当前行的索引，不包含与值有关的任何排序，第一个行索引从 1 开始。例如，对于分区中的第三行，INDEX() = 3。
LAST( )	返回从当前行到分区中最后一行的行数。例如，当前行索引为 3（共 7 行），LAST() = 4。
LOOKUP(expression, [offset])	返回目标行（指定为与当前行的相对偏移）中表达式的值。使用 FIRST()＋n 和 LAST()－n 作为相对于分区中第一行/最后一行的目标偏移量定义的一部分。如果省略了 offset，则可以在字段菜单上设置要比较的行。如果无法确定目标行，则此函数返回 NULL。例如，LOOKUP(SUM([Profit]), FIRST()+2) 计算分区第三行中的 SUM(Profit)。
MODEL_PERCENTILE(target_expression, predictor_expression(s))	返回期望值小于或等于观察标记的概率（介于 0 和 1 之间），由目标表达式和其他预测因子定义。这是后验预测分布函数，也称为累积分布函数 (CDF)。例如，以下公式返回销售额总和标记的分位数，根据订单计数进行调整。MODEL_PERCENTILE(SUM([Sales]), COUNT([Orders]))

续表

表计算函数	说　　明
MODEL_QUANTILE(quantile, target_expression, predictor_expression(s))	以指定的分位数返回由目标表达式和其他预测因子定义的可能范围内的目标数值。这是后验预测分位数。例如，以下公式返回中位数 (0.5) 预测销售额总和，根据订单数进行调整。MODEL_QUANTILE (0.5, SUM([Sales]), COUNT([Orders]))
PREVIOUS_VALUE(expression)	返回此计算在上一行中的值。如果当前行是分区的第一行，则返回给定表达。例如，SUM([Profit]) * PREVIOUS_VALUE(1) 计算 SUM(Profit) 的运行产品。
RANK(expression, ['asc' | 'desc'])	返回分区中当前行的标准竞争排名。为相同的值分配相同的排名。使用可选的 'asc' | 'desc' 参数指定升序或降序顺序。默认为降序。利用此函数，将对值集 (6, 9, 9, 14) 进行排名 (4, 2, 2, 1)。在排名函数中，会忽略 NULL。它们不进行编号，且不计入百分位排名计算的总记录数中。
RANK_DENSE(expression, ['asc' | 'desc'])	返回分区中当前行的密集排名。为相同的值分配相同的排名，但不会向数字序列中插入间距。使用可选的 'asc' | 'desc' 参数指定升序或降序顺序。默认为降序。利用此函数，将对值集 (6, 9, 9, 14) 进行排名 (3, 2, 2, 1)。在排名函数中，会忽略 NULL。它们不进行编号，且不计入百分位排名计算的总记录数中。
RANK_MODIFIED(expression, ['asc' | 'desc'])	返回分区中当前行的调整后竞争排名。为相同的值分配相同的排名。使用可选的 'asc' | 'desc' 参数指定升序或降序顺序。默认为降序。利用此函数，将对值集 (6, 9, 9, 14) 进行排名 (4, 3, 3, 1)。在排名函数中，会忽略 NULL。它们不进行编号，且不计入百分位排名计算的总记录数中。
RANK_PERCENTILE(expression, ['asc' | 'desc'])	返回分区中当前行的百分位排名。使用可选的 'asc' | 'desc' 参数指定升序或降序顺序。默认为升序。利用此函数，将对值集 (6, 9, 9, 14) 进行排名 (0, 0.67, 0.67, 1.00)。 在排名函数中，会忽略 NULL。它们不进行编号，且不计入百分位排名计算的总记录数中。
RANK_UNIQUE(expression, ['asc' | 'desc'])	返回分区中当前行的唯一排名。为相同的值分配相同排名。使用可选的 'asc' | 'desc' 参数指定升序或降序顺序。默认为降序。利用此函数，将对值集 (6, 9, 9, 14) 进行排名 (4, 2, 3, 1)。在排名函数中，会忽略 NULL。它们不进行编号，且不计入百分位排名计算的总记录数中。

表计算函数	说　　明
WINDOW_MAX(expression, [start, end])	返回窗口中表达式的最大值。窗口定义为与当前行的偏移。使用 FIRST()+n 和 LAST()-n 表示与分区中第一行或最后一行的偏移。如果省略了开头和结尾，则使用整个分区。例如，WINDOW_MAX(SUM[Profit])，FIRST()+1，0) = Maximum of SUM(Profit) 从第二行到当前行
WINDOW_MIN(expression, [start, end])	返回窗口中表达式的最小值。窗口定义为与当前行的偏移。使用 FIRST()+n 和 LAST()-n 表示与分区中第一行或最后一行的偏移。如果省略了开头和结尾，则使用整个分区。例如，WINDOW_MIN(SUM[Profit])，FIRST()+1，0) = Minimum of SUM(Profit) 从第二行到当前行
WINDOW_PERCENTILE(expression, number, [start, end])	返回与窗口中指定百分位相对应的值。窗口用与当前行的偏移定义。使用 FIRST()+n 和 LAST()-n 表示与分区中第一行或最后一行的偏移。如果省略了开头和结尾，则使用整个分区。例如，WINDOW_PERCENTILE(SUM([Profit]), 0.75, -2, 0) 返回 SUM(Profit) 的前面两行到当前行的第 75 个百分位。
WINDOW_STDEV(expression, [start, end])	返回窗口中表达式的样本标准差。窗口定义为与当前行的偏移。使用 FIRST()+n 和 LAST()-n 表示与分区中第一行或最后一行的偏移。如果省略了开头和结尾，则使用整个分区。例如，WINDOW_STDEV(SUM[Profit])，FIRST()+1, 0) = Standard deviation of SUM(Profit) 从第二行到当前行
WINDOW_STDEVP(expression, [start, end])	返回窗口中表达式的有偏差标准差。窗口定义为与当前行的偏移。使用 FIRST()+n 和 LAST()-n 表示与分区中第一行或最后一行的偏移。如果省略了开头和结尾，则使用整个分区。例如，WINDOW_STDEVP(SUM[Profit]), FIRST()+1, 0) = Standard deviation of SUM(Profit) 从第二行到当前行
WINDOW_SUM(expression, [start, end])	返回窗口中表达式的总计。窗口定义为与当前行的偏移。使用 FIRST()+n 和 LAST()-n 表示与分区中第一行或最后一行的偏移。如果省略了开头和结尾，则使用整个分区。例如，WINDOW_SUM(SUM[Profit])，FIRST()+1，0) = Summation of SUM(Profit) 从第二行到当前行
WINDOW_VAR(expression, [start, end])	返回窗口中表达式的样本方差。窗口定义为与当前行的偏移。使用 FIRST()+n 和 LAST()-n 表示与分区中第一行或最后一行的偏移。如果省略了开头和结尾，则使用整个分区。例如，WINDOW_VAR(SUM[Profit]), FIRST()+1, 0) = Variance of SUM(Profit) 从第二行到当前行

续表

表计算函数	说　明
WINDOW_VARP(expression, [start, end])	返回窗口中表达式的有偏差方差。窗口定义为与当前行的偏移。使用 FIRST()+n 和 LAST()-n 表示与分区中第一行或最后一行的偏移。如果省略了开头和结尾，则使用整个分区。例如，WINDOW_VARP(SUM[Profit]), FIRST()+1, 0) = Variance of SUM(Profit) 从第二行到当前行
RUNNING_AVG(expression)	返回给定表达式从分区中第一行到当前行的运行平均值。
RUNNING_COUNT(expression)	返回给定表达式从分区中第一行到当前行的运行计数。例如，RUNNING_COUNT(SUM([Profit])) = running count of SUM(Profit)
RUNNING_MAX(expression)	返回给定表达式从分区中第一行到当前行的运行最大值
RUNNING_MIN(expression)	返回给定表达式从分区中第一行到当前行的运行最小值
RUNNING_SUM(expression)	返回给定表达式从分区中第一行到当前行的运行总计
Size()	返回分区中的行数。
SCRIPT_BOOL	返回指定表达式的布尔结果。表达式直接传递给正在运行的分析扩展程序服务实例。在 R 表达式中，使用 .argn（带前导句点）引用参数（.arg1、.arg2 等）。在 Python 表达式中，使用 _argn（带前导下划线）。
SCRIPT_INT	返回指定表达式的整数结果。表达式直接传递给正在运行的分析扩展程序服务实例。在 R 表达式中，使用 .argn（带前导句点）引用参数（.arg1、.arg2 等）。在 Python 表达式中，使用 _argn（带前导下划线）。
SCRIPT_REAL	返回指定表达式的实数结果。表达式直接传递给正在运行的分析扩展程序服务实例。在在 R 表达式中，使用 .argn（带前导句点）引用参数（.arg1、.arg2 等）。在 Python 表达式中，使用 _argn（带前导下划线）。
SCRIPT_STR	返回指定表达式的字符串结果。表达式直接传递给正在运行的分析扩展程序服务实例。在 R 表达式中，使用 .argn（带前导句点）引用参数（.arg1、.arg2 等）。在 Python 表达式中，使用 _argn（带前导下划线）。
TOTAL(expression)	返回给定表达式的总计。例如，TOTAL(SUM([Profit]))= SUM(Profit) 跨分区中的所有数据库行
WINDOW_AVG(expression, [start, end])	返回窗口中表达式的平均值。窗口定义为与当前行的偏移。使用 FIRST()+n 和 LAST()-n 表示与分区中第一行或最后一行的偏移。如果省略了开头和结尾，则使用整个分区。例如，WINDOW_AVG(SUM[Profit]), FIRST()+1, 0) = Average of SUM(Profit) 从第二行到当前行

续表

表计算函数	说　明
WINDOW_CORR(expression1, expression2, [start, end])	返回窗口内两个表达式的皮尔森相关系数。窗口定义为与当前行的偏移。使用 FIRST()+n 和 LAST()-n 表示与分区中第一行或最后一行的偏移。如果省略了 start 和 end，则使用整个分区。例如，以下公式返回 SUM(Profit) 和 SUM(Sales) 从前五行到当前行的皮尔森相关系数。WINDOW_CORR(SUM[Profit]), SUM([Sales]), -5, 0)
WINDOW_COUNT(expression, [start, end])	返回窗口中表达式的计数。窗口定义为与当前行的偏移。使用 FIRST()+n 和 LAST()-n 表示与分区中第一行或最后一行的偏移。如果省略了开头和结尾，则使用整个分区。例如，WINDOW_COUNT(SUM[Profit]), FIRST()+1, 0) = Count of SUM(Profit) 从第二行到当前行
WINDOW_COVAR(expression1, expression2, [start, end])	返回窗口内两个表达式的样本协方差。窗口定义为与当前行的偏移。使用 FIRST()+n 和 LAST()-n 表示与分区中第一行或最后一行的偏移。如果省略了 start 和 end 参数，则窗口为整个分区。例如，以下公式返回 SUM(Profit) 和 SUM(Sales) 从前两行到当前行的样本协方差。WINDOW_COVAR(SUM([Profit]), SUM([Sales]), -2, 0)
WINDOW_COVARP(expression1, expression2, [start, end])	返回窗口内两个表达式的总体协方差。窗口定义为与当前行的偏移。使用 FIRST()+n 和 LAST()-n 表示与分区中第一行或最后一行的偏移。如果省略了 start 和 end，则使用整个分区。例如，以下公式返回 SUM(Profit) 和 SUM(Sales) 从前两行到当前行的总体协方差。WINDOW_COVARP(SUM([Profit]), SUM([Sales]), -2, 0)
WINDOW_MEDIAN(expression, [start, end])	返回窗口中表达式的中值。窗口定义为与当前行的偏移。使用 FIRST()+n 和 LAST()-n 表示与分区中第一行或最后一行的偏移。如果省略了开头和结尾，则使用整个分区。例如，WINDOW_MEDIAN(SUM[Profit]), FIRST()+1, 0) = Median of SUM(Profit) 从第二行到当前行

10．空间函数

空间函数	说　明
First( )	返回从当前行到分区中第一行的行数。例如，当前行索引为 3，FIRST() = -2
INDEX( )	返回分区中当前行的索引，不包含与值有关的任何排序，第一个行索引从 1 开始。例如，对于分区中的第三行，INDEX() = 3。
LAST( )	返回从当前行到分区中最后一行的行数。例如，当前行索引为 3（共 7 行）时，LAST() = 4。

空 间 函 数	说　明
LOOKUP(expression, [offset])	返回目标行（指定为与当前行的相对偏移）中表达式的值。使用 FIRST() + n 和 LAST() - n 作为相对于分区中第一行/最后一行的目标偏移量定义的一部分。如果省略了 offset，则可以在字段菜单上设置要比较的行。如果无法确定目标行，则此函数返回 NULL。例如，LOOKUP(SUM([Profit]), FIRST()+2) 计算分区第三行中的 SUM(Profit)。

11. 其他函数

其 他 函 数	说　明
First( )	返回从当前行到分区中第一行的行数。例如，当前行索引为 3，FIRST() = -2
INDEX( )	返回分区中当前行的索引，不包含与值有关的任何排序，第一个行索引从 1 开始。例如，对于分区中的第三行，INDEX() = 3。
LAST( )	返回从当前行到分区中最后一行的行数。例如，当前行索引为 3（共 7 行）时，LAST() = 4。
LOOKUP(expression, [offset])	返回目标行（指定为与当前行的相对偏移）中表达式的值。使用 FIRST() + n 和 LAST() - n 作为相对于分区中第一行/最后一行的目标偏移量定义的一部分。如果省略了 offset，则可以在字段菜单上设置要比较的行。如果无法确定目标行，则此函数返回 NULL。例如，LOOKUP(SUM([Profit]), FIRST()+2) 计算分区第三行中的 SUM(Profit)。

反侵权盗版声明

　　电子工业出版社依法对本作品享有专有出版权。任何未经权利人书面许可，复制、销售或通过信息网络传播本作品的行为；歪曲、篡改、剽窃本作品的行为，均违反《中华人民共和国著作权法》，其行为人应承担相应的民事责任和行政责任，构成犯罪的，将被依法追究刑事责任。

　　为了维护市场秩序，保护权利人的合法权益，我社将依法查处和打击侵权盗版的单位和个人。欢迎社会各界人士积极举报侵权盗版行为，本社将奖励举报有功人员，并保证举报人的信息不被泄露。

举报电话：（010）88254396；（010）88258888

传　　真：（010）88254397

E-mail：　dbqq@phei.com.cn

通信地址：北京市万寿路 173 信箱

　　　　　电子工业出版社总编办公室

邮　　编：100036